高职文化育人教材——产业文化与职业素养系列

总主编　孙志春

服饰文化与职业素养

主　编　宋新芳　李金强　李秀元
副主编　孙文娟　金　环　杨卫军　陈咏梅
参　编　霍　诤　何　斌　孙浩然

北京理工大学出版社
BEIJING INSTITUTE OF TECHNOLOGY PRESS

内容简介

本书包括"东西方服饰文化""服装典型企业文化""服装大师""服装、着装与美"四篇。在每一篇的后面，安排了教学活动设计环节，教师可以灵活应用所在院校的教学条件和课程资源来设计这部分教学活动，以增强学生的项目参与、成果交流和分享意识。

本书可作为职业院校服装专业教材，同时也可作为服装文化选修课教材，还可供爱好服装文化的相关人士阅读、参考。

图书在版编目（CIP）数据

服饰文化与职业素养／宋新芳，李金强，李秀元主编.—北京：北京理工大学出版社，2018.7（2018.8重印）

ISBN 978-7-5682-5868-5

Ⅰ.①服…　Ⅱ.①宋…②李…③李…　Ⅲ.①服饰文化—高等学校—教材　Ⅳ.①TS941.12

中国版本图书馆CIP数据核字（2018）第150468号

出版发行／北京理工大学出版社有限责任公司

社　　址／北京市海淀区中关村南大街5号

邮　　编／100081

电　　话／（010）68914775（总编室）

　　　　　（010）82562903（教材售后服务热线）

　　　　　（010）68948351（其他图书服务热线）

网　　址／http://www.bitpress.com.cn

经　　销／全国各地新华书店

印　　刷／北京紫瑞利印刷有限公司

开　　本／787毫米×1092毫米　1/16

印　　张／8　　　　　　　　　　　　　　　　　　责任编辑／李玉昌

字　　数／219千字　　　　　　　　　　　　　　　文案编辑／李玉昌

版　　次／2018年7月第1版　2018年8月第2次印刷　责任校对／周瑞红

定　　价／32.00元　　　　　　　　　　　　　　　责任印制／边心超

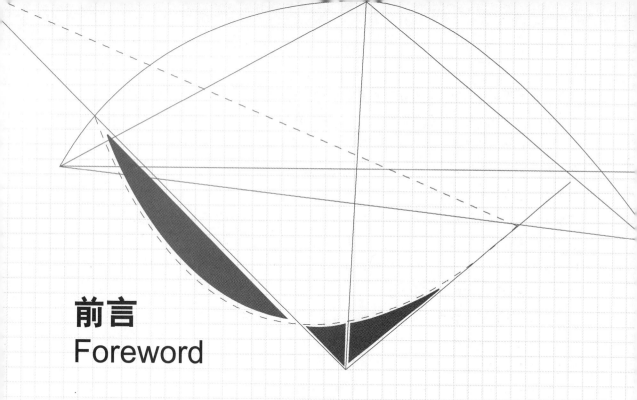

前言
Foreword

　　爱因斯坦在《培养独立思考的教育》中尖锐地指出："用专业知识教育人是不够的，通过专业教育，他可以成为一种有用的机器，但是不能成为一个和谐发展的人，要使学生对价值有所了解，并产生强烈的情感，那是最基本的，他必须对美和道德上的善有鲜明的辨别力，否则他连同他的专业知识就更像一条受过很好训练的狗，而不像一个和谐发展的人。"对于大多数高职院校来说，由于其对"以就业为导向"的高职培养目标理解得极其功利和狭隘，所以中国的高职院校变成了一种纯粹的技艺型高校。近年来，随着我国职业教育的快速发展，人们开始重新审视和反思职业教育的终极目标和根本内涵，要培养中高端技术人才，必须既重视技术素养的培养，又重视人文素养的培育。技术和人文教育将成为我国高等职业技术教育长远发展不可或缺的两翼。

　　教育部副部长鲁昕指出："职业院校的学生既要把技能学得扎实，也要用文化来养育自己、浸润自己。"服装被誉为"走动的文化"，一个时期的文化价值，往往更真实地从和服装相关的日常活动中体现出来，透过服装的制度、样式及装饰的每一个图案，我们可以把握那个时代文化的可靠脉搏，而时尚、民俗等则使服装的文化意义更鲜活、更生动。本教材编写的目的在于引导学生欣赏、感悟蕴含在服装文化这个载体中的独特文化信息和美学内涵，从而提升学生的文化、审美与职业素养。

　　本书从"东西方服饰文化""服装典型企业文化""服装大师""服装、着装与美"四个层面来阐释服装文化。第一篇"东西方服饰文化"的内容主要包括东西方服饰文化的解读与比较，对代表齐鲁服饰文化的孔子服饰美学思想及鲁锦和鲁绣做了介绍。期望学生能够对地域服饰文化的载体鲁锦和鲁绣的历史和现状能有更鲜活、更生动的感悟，培养学生对地域传统文化的传承意识和责任感。第二篇"服装典型企业文化"转入服装的生产者与销售者，带领学生去了解服装品牌企业、服装销售企业、服装智造企业的企业文化。第三篇"服装大师"从设计、板型、工艺、品牌、传统五个角度介绍中外服装大师，引导学生学习感悟蕴含在大师身上的工匠精神，进一步内化为自己的职业素养。第四篇"服装、着装与美"从"服装与美"和"着装与美"两个专题着手，引导学生认识、欣赏服装的美以及了解如何穿着才能展现美，贴近学生现实生活需求，提升学生的服装搭配技巧和装扮审美能力，引导学生恰当得体地穿衣打扮，以此树立正确的着装理念，成为"生活美学"的实践者和倡导者。

本书由宋新芳负责整体策划和统稿，并撰写第一篇；霍诤、孙浩然撰写第二篇，宋新芳、杨卫军、陈咏梅、何斌撰写第三篇；孙文娟、金环撰写第四篇，李金强、李秀元、孙志春负责审稿。

由于编者水平有限，不足之处恳请读者批评指正。

宋新芳

2018 年 3 月 16 日

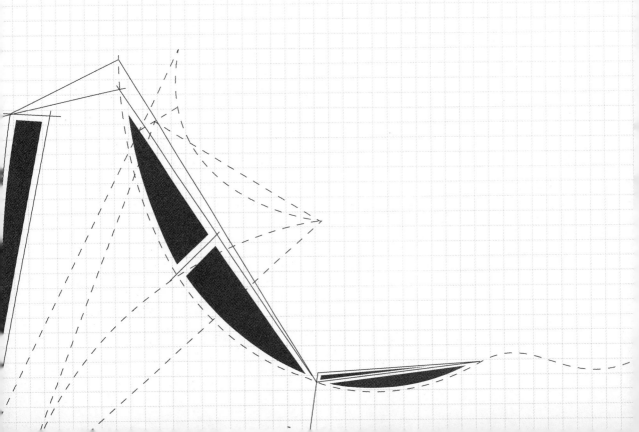

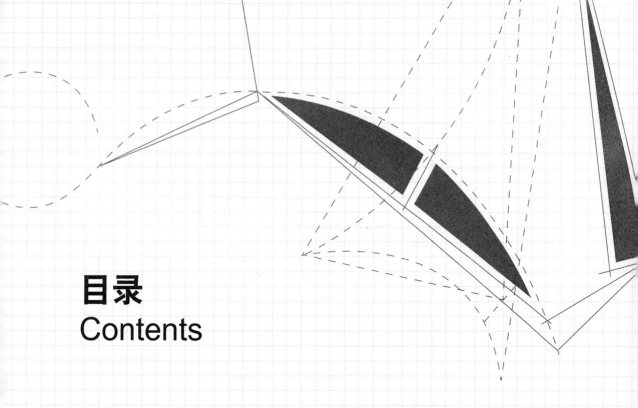

目录
Contents

第四篇　服装、着装与美

第一篇
东西方服饰文化

中国服饰文化是指以黄河文明为基础形成的中国传统华夏服饰文化，其相对于西方来说是在一个比较固定和封闭的地域环境下形成的，随着文明的不断进步以及中原朝代的更迭，中国服饰文化有了高度的发展，具有强大的传承性。

西方服饰文化是建立在地中海文明的基础之上的，跨越了亚欧非三个大陆板块，相继混合了多种不同地域、不同时期的文明。伴随着不同种族在亚欧非三个大陆的不断迁移，文化不断移动、交流碰撞直至融合，最终形成了以欧洲基督教文化为中心的服饰文化。而由于不断的文化融合，西方服饰文化表现出了强烈的复杂性与包容性。相对于中国服饰文化来说，西方服饰文化更加多样化。

第一章　衣冠王国的服饰文化

"中国有礼仪之大，故称夏；有服章之美，谓之华。华夏一也。"中华民族在漫长的历史长河中孕育了璀璨的民族文化，服饰文化作为我国优秀传统民族文化的重要组成部分，反映了当时的社会发展状况和人们的精神价值追求及思想文化底蕴。郭沫若说："衣裳是文化的表征，衣裳是思想的形象。"我国传统服饰经过历代的积累和交融，不断丰富和发展，融合不同时期人们的美学思想和审美情趣，形成了中华民族特有的服饰文化系统。在经济全球化和文化多元化的今天，我国传统服饰文化在世界服装文化的舞台上大放异彩。而传统服饰文化的美学思想，正潜移默化地影响着国人的着装心理、趣味爱好和审美风尚。

第一节　衣裳之始：先秦服饰文化

我国素有"衣冠古国"的美誉，中华民族服饰的发展经历了漫长的历史阶段。先民们以自己的聪明才智和勤劳勇敢，创造出了具有民族特色和地域风情的衣冠服饰，在世界服饰发展史上独树一帜，具有突出而鲜明的个性特征，为中华民族文化以及整个世界文化增添了灿烂耀眼的光芒。综观中国古代各朝的服饰，可谓各有特色，从秦汉服饰之古朴庄重、魏晋服饰之风流蕴藉到大唐服饰之华贵富丽、宋朝服饰之娟秀雅致再到明清服饰之婉约华美，审美意识的一次次转变书写了中国传统服饰辉煌的历史长篇。

一、原始服饰美学特点

《韩非子·五蠹》："古者丈夫不耕，草木之实足食也；妇人不织，禽兽之皮足衣也。"因此，上古时期人类的服饰诞生于原始经济基础的条件下，人们以毛皮围系于下腹部，或许为了御寒，或许为了遮羞和装饰。不论出于何种原因，原始服饰已经开始出现，并揭开了中国服饰史的序幕。

原始时代的服饰形式，虽有个别考古资料的发现，但由于材料太少，还不能对该时期的服饰作详细的说明。《周易·系辞下》里说："黄帝尧舜垂衣裳而天下治，盖取诸乾坤。"作为"天下治"的前提，"垂衣裳"这个意象显出强烈的象征性。原始社会的首领们将自己的衣着与普通人区分开来，是为了表示出自己的身份和权力，这体现了先民的世界观，以及在此基础上衍生出的政治哲学，也表明华夏服饰的作用超出了遮羞御寒的实用性，其结果是使服饰的社会意义远远大于实用意义，这样一来服饰便被赋予了一种象征性的符号功能，古代服饰制度的基础也由此奠定（图1-1至图1-3）。

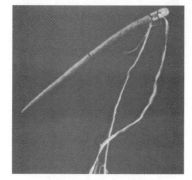

图1-1　骨针

图1-2　原始服饰图

图1-3　穿贯口衫的原始人（甘肃辛店彩陶纹饰）

二、先秦服饰美学特点

先秦是中国服饰史的奠基阶段，一些中国服饰的基本形式均在此期间逐步走向成熟。

始于商代的上衣下裳是中国最早的衣裳制度的基本形式。上衣象征天，天未明时是玄（黑）色；下裳象征地，地是黄色。上玄下黄的服制就来源于对天地的崇拜（图1-4）。夏商周时期，中原华夏族的服饰是上衣下裳，束发右衽。

夏商周时期是中国服饰史由原始社会的巫术象征过渡到以政治伦理为基础的王权象征的重要历史时期，奴隶主为稳定统治秩序，规定了等级制度和相应的章服制度，到周代逐步完善的冠服制度，成为统治者"昭名分，辨等威"的工具。据《周礼》规定，凡行祭祀之礼，天子百官皆穿冕服。天子冕服用黑色作衣、红色

图1-4　商代的上衣下裳

为裳，上衣绘日、月、星辰、山、龙、华虫六章图形，下裳绣宗彝、藻、火、粉米、黼、黻六章图形。其图形均有取义：日、月、星辰取其照临，山取其稳重，龙取其应变，华虫取其文丽，宗彝取其忠孝，藻取其洁净，火取其光明，粉米取其滋养，黼取其决断，黻取其明辨。天子用十二章，公爵用九章，侯伯用七章，以下递减（图1-5、图1-6）。

图 1-5　冕冠、冕服、赤舄

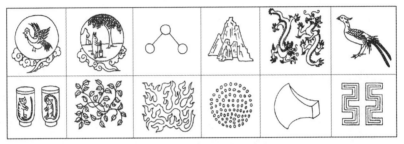

图 1-6　十二章纹图案及寓意

日、月、星辰──取其照临；

山──取其稳重；

龙──取其应变；

华虫（一种雉鸟）──取其文丽；

宗彝（祭祀礼器，在其中绘一虎一猴）──取其忠孝；

藻（水草）──取其洁净；

火──取其光明；

粉米（白米）──取其滋养；

黼（斧形）──取其决断；

黻（常作亚形，或两兽相背形）──取其明辨。

　　春秋战国时期在服饰方面最重要的变化，是深衣的广泛流行和胡服的出现。这两种服饰，对后世都产生了深远的影响。

　　深衣是春秋战国之际出现的一种上衣下裳连在一起的服装样式，制作时上下分裁，然后在腰间缝合，衣式采用短领，衣长到跟，续衽钩边。儒家学说中认为深衣袖圆似规，领方似矩，背后垂直如绳，下摆平衡似权，符合规、矩、绳、权、衡五种原理，所以不论贵贱男女均以着深衣为尚。"深衣"为汉服基本款式的形成奠定了基础（图 1-7）。

图 1-7　深衣和穿曲裾深衣的女子（湖南长沙楚墓出土的彩绘木俑）

春秋战国时期的战争促进了汉族宽衣博带、长裙长袍服装的改革。赵武灵王为了提高军队的战斗力，冲破阻力，下令全国穿游牧民族的短衣长裤，学习骑射，终于使赵国强盛起来。这是中国历史上第一次服装改革，是华夏主体服饰文化吸收融合少数民族服饰文化的重要史例，史称"赵武灵王胡服骑射"（图1-8、图1-9）。

图1-8　战国赵武灵王胡服骑射

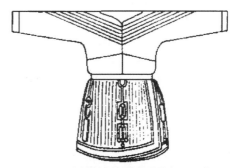

图1-9　窄袖短袍加束革带的胡服示意图

先秦时代服饰上的装饰纹样并不只是为了给人带来形式上的美感，它们还被赋予了深刻的象征性社会意义，服务于礼制社会。

第二节　端庄素朴：秦汉服饰文化

"日出东南隅，照我秦氏楼。秦氏有好女，自名为罗敷。罗敷喜蚕桑，采桑城南隅。青丝为笼系，桂枝为笼钩。头上倭堕髻，耳中明月珠。缃绮为下裙，紫绮为上襦……"汉乐府民歌《陌上桑》中描绘的那个穿着紫色襦衣、浅黄色长裙的女子，身姿曼妙，聪慧灵动，引起了人们对秦汉服饰美好的想象。不过诗歌中描绘的上襦下裙的穿着，并不是秦汉时期的主要穿着方式，这种襦裙制要到魏晋南北朝时期才广为流传。

秦汉时期，不论男女，仍沿袭深衣形式。样式有曲裾、直裾两种。曲裾，即为战国时期流行的深衣。汉代仍然沿用，但多见于西汉早期。到东汉，男子穿深衣者已经少见，一般多为直裾之衣，但并不能作为正式礼服。女子所穿的深衣一般通身紧窄，长可曳地，下摆一般呈喇叭状，行不露足。衣袖有宽窄两式，袖口大多镶边。衣领部分很有特色，通常用交领，领口很低，以便露出里衣。如穿几件衣服，每层领子必露于外，最多的达三层以上，时称"三重衣"（图1-10）。

深衣是男女均可穿着的服饰，这种使人身体深藏不露的着装方式并不以表现身体的自然属性为美，相反，它要促使人通过一种

图1-10　汉代穿曲裾深衣的妇女
（江苏徐州铜山汉墓出土陶俑）

言行有度、动静怡然的气度与神韵来表现自身的美。

秦汉服饰依然体现出了较为严格的等级制度，主要体现在服饰的样式、色彩和佩饰的规定上。如汉代规定，百姓一律不得穿各种带颜色的服装，只能穿本色麻布，直到西汉末年（公元前 13 年）才允许平民穿青绿之衣，对商人的禁令更严。不过在服饰的样式上，似乎没有严格的制度。从出土的汉代陶俑及画像砖石来看，头衣主要有冠、巾、冕、帻、帼、胜等；体衣则有衣、裳、裙、深衣、袍、褐、中衣、小衣、衫子、裘、皮衣等；胫衣有袴、裹衣、履等，服饰的种类和式样日趋丰富。在汉代上层贵族的服装中，面料多用锦绣。绣纹多有山云鸟兽或植物花样，织锦有各种复杂的几何菱纹。

素纱禅衣是我国考古工作者于 1972 年在长沙马王堆汉墓发掘出的一件文物，是西汉时期纺织技术巅峰时期的作品，为国家一级文物。禅衣衣长 128 cm，通袖长 190 cm。面料为素纱，素纱丝缕极细，在领边和袖边还镶着 5.6 cm 宽的夹层绢缘，但全部重量只有 48 g，还不到一两，是世界上最轻的素纱禅衣，可谓"薄如蝉翼""轻若烟雾"，它代表了西汉初养蚕、缫丝、织造工艺的最高水平。素纱禅衣是一件极为罕见的稀世之品（图 1-11）。

从汉代开始，中国的民族交流开始大规模发展。中国的服饰，包括服饰质料乃至图案纹样，也融入了多民族的文化内蕴和艺术精神。

图 1-11 素纱禅衣

第三节 灵动飘逸：六朝服饰文化

我国著名美学家宗白华认为："汉末魏晋六朝是中国政治史上最混乱、社会上最苦痛的时代，然而却是精神上极自由、极解放、最富于智慧、最浓于热情的一个时代。因此，也就是最富有艺术精神的一个时代。"自由精神、个性解放、智慧情浓和富有艺术魅力，这是宗白华对晋人的认识和定位。

魏晋时期文人士大夫认为"自然美"比"雕琢美"更具有高尚的形态美，如刘勰在《文心雕龙》中肯定"自然之趣"，梁武帝萧衍品书将"芙蓉之出水"置于"文彩之镂金"之上。一些风雅名士崇尚玄学清谈，追求灵性自然，行为与服饰亦不受礼俗约束。如"飘若浮云，矫若惊龙"的王羲之，"坦腹东床"，"目送归鸿，手挥五弦，俯仰自得，游心太玄"的嵇康不愿"裹以章服，揖拜上官"等，他们追求的是一种越名教而任自然、超出礼法羁绊之外的超然气度，样式宽博的大袖长衫正契合了魏晋名士所追求的洒脱与不羁的风格，因此，魏晋时期宽衣博带的服饰形成了中国服饰史上一种独特的审美风貌。

南朝砖画《竹林七贤与荣启期》描绘了当时的"竹林七贤"等风流名士的服饰，从中可以看到图中诸人或散发，或梳着发髻，或戴着头巾，但无一例外都穿着没有袖口的大袖长衫，敞胸露臂，在林间弹琴饮酒，肆意纵情（图 1-12）。

宽衣博带、大袖长衫的审美发起于名人雅士之间，后扩大至平民百姓，成为魏晋时期的流行服饰（图 1-13）。对应男子的褒衣博带，魏晋时期女子的服饰以上简下丰的襦裙制为流行风尚，女子典型服饰形象是长裙拖地，大袖翩翩，饰带层层叠叠，优雅而飘逸，如东晋顾恺之根据曹植的《洛神赋》塑造的"华带飞髾"的美妙女子形象。而女子高腰裙、背带裙、间色裙的出现则大大丰富了裙的种类和色彩，也正是从魏晋南北朝开始，裙才明确成为女性服饰，以表现女性的身体美（图 1-14）。

图1-12 《竹林七贤与荣启期》砖画

图1-13 东晋顾恺之《洛神赋图》中
戴梁冠和漆纱笼冠、穿大袖衫的男子

图1-14 东晋顾恺之《洛神赋图》中"华带飞髾"的美妙形象

第四节 雍容开放：唐朝服饰文化

唐朝国力强盛，人民充满民族自信心，对外来文化采取开放政策。唐都长安不仅是当时中国的政治、经济、文化中心，同时也是东西方文化交流中心，与朝鲜、日本、波斯等国贸易、文化交流频繁。强大的民族自信心和凝聚力的作用，使外来异质文化一经大唐文化吸收便成为大唐文化的补充和给养。这是唐朝服饰雍容开放、百美竞呈的缘由。

唐朝女子的服饰是历代中的佼佼者。其审美风格从隋唐初期的清新明丽过渡到雍容华贵、自由开放是和整个时代的宏大气势密不可分的。女子服饰高高束起的裙腰、宽大的裙体、袒胸掩乳的大袖纱罗衫、精致华美的缘边装饰，呼应了唐代自由、开放的艺术精神。"罗衫叶叶绣重重，金凤银鹅各一丛"以及孟浩然《春情》所咏的"坐时衣带萦纤草，行即裙裾扫落梅"塑造了衣料锦绣重重、造型雍容华贵、服饰富丽堂皇的女子形象。而"慢束罗裙半露胸""绮罗纤缕见肌肤""二八花钿、胸前如雪脸如莲"描绘的则是袒胸、裸臂、披纱、大袖、长裙的典型唐朝女子着装形象，这种自由、开放、浪漫的着装风格在中国女装史上是独一无二的亮丽一笔。

唐朝女子服饰色彩的华丽也是历代少见的，各种高明度的粉色以及红、紫、黄、绿等颜色，都被大胆地使用到衣裙之中，塑造出华丽的审美形象。裙色可以尽人所好，多为深红、杏黄、绛紫、月青、草绿等，其中以石榴红裙流行时间最长，最为唐朝女子所钟爱。"红粉青娥映楚云，桃花马上石榴裙""眉黛夺将萱草色，红裙妒杀石榴花"描绘的就是鲜艳夺目的红裙。"荷叶罗裙一色裁，芙蓉向脸两边开"描绘的是女子着碧如荷叶的裙裾所展现出的美丽身姿（图 1-15、图 1-16）。

图 1-15 唐朝周昉《簪花仕女图》中穿大袖纱罗衫围帔帛的贵族女子

图 1-16 唐朝张萱《捣练图》中平民女子的衣着

唐玄宗开元年间，胡服流行，妇女皆以着胡服胡帽为美（图 1-17）。这是外来异族文化与汉文化交融而产生的时尚潮流。此外，唐天宝年间，妇女还曾流行穿男装，以着男装为美（图 1-18）。在《新唐书·舆服志》中记载了着男装、露发髻驰骋的骑马女子，唐朝大画家张萱的《虢国夫人游春图》描绘了着男装骑马出游的仕女，反映了唐朝社会兼容并包、自由开放的盛世气象。

图 1-17 穿胡服的唐代女子　　　　　图 1-18 穿男装的唐代女子

第五节　简约淡泊：宋辽金元服饰文化

一、宋朝服饰文化

宋朝是中国历史上承前启后、继往开来的时期。这个时期的中国虽然富足，但在同周边少数民族的不断争斗的战乱中，社会动荡不安，加上宋代理学思想的兴起禁锢了人们的思想，使整个社会走向衰败。

宋朝封建社会已走上衰败，宋太祖只考虑赵家政权的得失而"杯酒释兵权"。当辽、金、西夏等游牧民族入侵时，宋朝统治者无力抗衡，只得攫取民间财物称臣纳贡。宋朝统治阶级不是变革政治图强国力，而是强化思想控制，竭力推崇程朱理学，把朱熹"存天理，灭人欲"的思想，作为维护封建统治的理论根据加以倡导，其目的在于去掉人们的任何反抗意识。在此思想支配下，人们的美学观点也相应变化，如建筑上出现以白墙黑瓦为主体的艺术形式，槛枋梁栋不设色而只用木质本色，绘画上追求清秀简洁的水墨画和淡彩形式，衣冠服饰上反映更为明显，整个社会舆论主张服饰不应过于华丽而崇尚简朴，"惟务洁净，不可异众"（图1-19）。

图1-19　胎质细腻、釉色淡雅的宋瓷

宋朝形成了纤细、素淡、保守的服饰审美风格（图1-20）。窄袖衣是宋朝流行的女装，衣长至膝、窄袖、交领、对襟。色彩尚清淡，常用间色，如淡绿、粉紫、银灰、葱白等色。下身穿长裙，裙式一般修长，流行百褶裙，裙幅多，皱褶细，裙长拖地，掩饰足形。通常在上衣外面再穿一件对襟的长袖小褙子，很像现在的背心，褙子的领口和前襟绣上漂亮的花边，袖口、腰身清秀苗条、窄瘦贴身、交领深掩。唐朝服饰中袒露无领、端庄富丽的形象已一去不复返了，而代之以质朴、清秀、雅致的审美形象。秦观的《满江红》："绝尘标致，倾城颜色。翠绾垂螺双髻小，柳柔花媚娇无力"，晏几道的《生查子》："远山眉黛长，细柳腰肢袅。妆罢立春风，一笑千金少"等都表现出宋朝文人所欣赏的女子纤柔瘦弱之美。

图1-20　宋朝纤细、素淡、保守的服饰风格
（宋朝刘宗古《瑶台步月图》）

宋朝国力日趋衰弱，加上契丹、女真等外族的频繁滋扰与侵凌，使得宋人对异族文化不但排斥，而且愈加仇视。宋人在服饰上又重以传统交领宽衣大袖作为其平日穿着，交领宽衣大袖在宋初就已开始回归，并日趋主流化，继而演变为常式。如果说交领宽袍是一种复古，那么圆领襕衫的袖子亦受此影响，渐呈加宽趋势。宋朝方心曲领大袖衫的官服形制反映了儒家礼制思想在服饰文化中的沿袭，而文人雅士在服饰审美上则追求自然、质朴、清新、脱尘之美，如魏野在《晓》一诗中的"露侵短褐晓寒轻，星斗阑干野外明"表达了其在服装上返璞归真的追求，本色麻布衣、道服成为文人学士的日常穿着，一般平民百姓着装以便捷实用为主，多穿交领或圆领的长袍，做事的时候就把衣服往上塞在腰带上，衣服是黑白两种颜色（图1-21）。

图1-21 戴幞头、扎巾、穿袍衫的宋代男子

二、辽金元服饰文化

宋朝北方的几个民族中，以契丹族为主的辽和以女真族为主的金，曾是与两宋并存的北方政权，元朝是蒙古族入关统治中原的时代，少数民族入主中原，自然把少数民族的服饰也带到中原，其服饰反映了在与汉族进行长期文化交流中，各自发扬了民族传统的发展轨迹。

这一时期的服饰既有少数民族的服饰特色，又沿袭汉唐和宋朝的礼服制度，如元朝男子的服饰有汉族的圆领、交领袍，也有本民族的质孙服，形制为上下裳相连，衣式紧窄，下裳较短，腰间打许多褶裥，领型有圆领、方领等式样；还有一种圆领、紧袖、下长过膝、下摆宽大、腰上部分打上细密横褶后缝以辫线的辫线袄，这种衣服很方便骑射。下穿小口裤，脚穿络缝靴。服色以白、蓝、赭为主（图1-22）。皇帝及高官的服饰仿照先秦时代的服制而成。

元朝的贵族妇女，时兴戴一种很有特色的"顾姑冠"。这种冠是用桦树皮或竹子、铁丝之类的材料作为骨架，从头顶向上高70～100 cm，其顶端扩大成平顶帽形；外面以红绢、金锦或毛毡包裹（图1-23）。

此外，元朝服饰在质料上发生了较大变化，由于棉花的广泛种植，棉布成为服饰材料的主要品种；纺织业发达，提花、印染工艺很高；黄道婆改进了棉纺织工具；缕金织物被大量应用。

图 1-22　元蒙古族奏乐乐俑，尖顶笠子帽，辫线袄　　图 1-23　戴顾姑冠、穿交领织金锦袍的皇后
（南薰殿旧藏《历代帝后像》）

第六节　精致繁复：明清服饰文化

一、明朝服饰文化

明朝对整顿和恢复汉族礼仪十分重视。明太祖朱元璋下诏：衣冠悉如唐代形制。明朝废元服制、上采周汉、下取唐宋，以袍衫为主要服饰，而官员则以补服为常服，头戴乌纱帽，身穿圆领衫。所谓补服，是指在袍衫前有一块方形刺绣图案的官服，文官图为飞禽，武官图为猛兽，分别用袍衫颜色和图案来区分官阶品位。平常穿的圆领袍衫则凭衣服长短和袖子大小区分身份，长大者为尊。

明朝官服中最具特色的是乌纱帽，乌纱帽翅因戴者官职、身份不同而各异。其形制前低后高，两旁各插一翅，通体皆圆。帽内另用网巾以束发（图 1-24）。

明朝的儒生文士大多穿圆领或斜领的青布直身的宽袖长衣，头戴四方平定巾（图 1-25）。

图 1-24　穿补服、戴乌纱帽的官吏　　　　图 1-25　戴四方平定巾、穿大襟袍的士人

　　明朝女装为上襦下裙的服装样式，上襦为交领、长袖短衣。明初盛行窄袖衫襦、长裙、褙子，但礼服仍要穿大袖衫；中期盛行大袖长衫襦，裙则变短；明末又盛行窄袖长衫襦。与唐朝女装不同的是，明朝女装风格修长、窈窕，同样有着变化极丰富的式样。裙子的装饰有缂丝、画裙、插袖、堆纱大红绿绣花（图1-26）。

图1-26　明朝女子服饰——云肩、水田衣

　　明朝商品经济发达，社会层级流动活跃，价值审美观多元化，从而影响到明朝服饰的流变。士绅阶层的衣着逐步从敦本务实转向奢侈夸耀，"长裾阔领，宽腰细折，倏忽变易，号为时样"反映了明朝服饰消费时尚的日新月异。

二、清朝服饰文化

　　清朝是我国服装史上改变最大的一个朝代，清军入关后，清朝统治者强制推行其满族的发型和服装样式。这种民族压迫政策激起汉族人民的强烈反抗。为缓和汉族人民的反抗斗争，清朝不得不实行"男从女不从"等十从十不从的政策，即对汉族男子严格要求遵从满族服制，而汉族妇女服饰仍沿用明朝服饰形制。满服改变了几千年来形成的中国古代服饰的基本形式，渐渐形成了一套有别于中国传统服装的服饰体系。

　　清王朝时期，中国文化日趋保守，审美趣味日益注重技巧、注重纹饰，呈现出纤细、繁缛、富丽、矫揉造作的风格。从整个服饰发展史来看，清朝服饰形制则是中国历代服饰中最庞杂、繁缛的一个时期。

　　男子的服饰有袍衫、褂衫、裤等，长袍马褂是清朝男子最常穿的服饰。马褂是穿在长袍外面的短褂子，长度只到腰际，袖仅掩肘，短衣短袖便于骑马，所以叫"马褂"。平日所戴的便帽就是瓜皮小帽，颜色是外面黑，里面红（图1-27）。

图 1-27　清朝男子的长袍马褂

　　清初，由于"男从女不从"的政策，女子服饰分满、汉两式。满族妇女以旗装为主，包括旗袍、大衫、大褂、宽口裤、宽褶裙。这类服饰多为合领右衽，领、襟、袖有宽大襕边作为装饰。清朝满族女子的服饰袖短而口宽，不用马蹄袖，衣长可掩足，袍在身侧开高衩，下穿宽口大裤，足穿花盆底。发式流行"如意头""两把头""一字头""大拉翅"，其中以高如牌楼的"大拉翅"最具特色。

　　清朝汉族妇女服饰多沿用明朝式样，以上身着衫、袄，下身束裙为主，裙式种类繁多，款式丰富多彩（图 1-28）。镶滚是清朝女装重要的装饰元素，无论满汉，皆镶滚有各色花边，此风愈演愈烈，到后期有"十八镶滚"的说法。服装面料早期以花纹雅丽、色调清新为主，逐步发展到精致细腻，甚至堆砌雕琢的程度，纹样意蕴多以富贵、吉祥、如意的含义居多。

　　清朝服饰是中国古代服饰与近代服饰的交接点。至清末，由于西方列强侵入，维新变法呼声日高及洋务运动的开展，以及沿海传教士带来的西方文化影响，直到辛亥革命后，我国古代服饰制度终于到了一个彻底改变的阶段，进入了近现代服饰发展阶段。

　　中国传统服饰审美风格的演变反映了服饰文化作为人类文化的重要组成部分，犹如社会变迁的一面镜子，准确、清晰而生动地反映着历史的发展、变迁，昭显着社会发展的印记；亦似一架有生命的鼓，传达出遥远时代富有节奏的脉搏。

图 1-28　清朝汉族和满族女子的服饰

第二章　东西方服饰文化比较

对比东西方服饰文化的发展，能够让我们深入了解不同的文化背景之下服饰的差异和发展演变，使我们可以更加科学理性地对待东西方文化的差异，并且使东西方服饰文化相互补充，相互借鉴，相互渗透，相互融合，达到共同繁荣，共同发展。

第一节　服饰的文化内涵

服饰是具有鲜明的时代性、民族性、地域性、风俗性和艺术性的综合性文化载体，是反映当时政治、经济、思想、道德和信仰的审美文化符号。衣着服饰是人类智能活动的产物，它的色彩、纹样、款式、风格随着社会生产方式演进的状态而变化，服饰的文化属性与文化功能显现着鲜明的时代性特征。这一特征是：随着尊卑贵贱、社会身份地位以及生活境遇而不同，具有强烈的标识性特征；随着社会思潮和审美取向而变化，具有表现世态人心、思想倾向的先导性特征；随着地域习俗与心理观念的传承而类聚，形成各具特色的民族性特征；随着社会交往的频繁、民俗融合汇聚而走向同化，显示出心理追求的趋同性特征。人们因社会生活的需要而创制衣着服饰，同时又因衣着服饰而走向社会化生活，形成一定的社会角色，发挥出相应的能动作用。

第二节　东西方服饰文化特点

东西方服饰文化在相当长的历史时期内，在相对独立的社会环境中，各自形成了自己的服饰体系。

从地理环境上看，中国文化起源于黄河文明，是在一个相对固定而且封闭的地域环境中发展形成的。自古以来，儒家思想、道家哲学、佛教、伊斯兰教以及基督教文化都曾在这块热土上相互碰撞、交流和融会贯通，共同形成了以含蓄、包容为特征的中国文化，加上漫长的封建社会政治体制的统治，构筑起高度发达的文化体系。

与此相对，西方文化是以围绕着地中海的北非的尼罗河文明、西亚的两河流域文明、爱琴文明以及南欧的古希腊、古罗马文明为基础，经过来自北方的日耳曼民族大迁徙而形成的。西欧诸国经过在中世纪的发展和拜占庭文化的滋养，特别是基督教文化的发展，从而形成与东方的中国完全不同的基督教文化圈。在这个文化圈中生存着众多的种族，存在着性格不同的文化，这些文化之间相互碰撞、交流和融合，形成了一种跃动的、积极进取的性格特色。

在上述两种完全不同的文化体系中，作为其组成部分的服饰文化，必然也会表现出明显的差异。

中国文化是和谐文化，强调均衡、对称、统一的服饰造型方法，以规矩、平稳为最美。西方文化善于表现矛盾、冲突，在服饰构成上强调刺激、极端的形式，以突出个性为荣。

中国文化是一种隐喻文化，艺术偏重抒情性，追求服饰构成要素的精神寓意和文化品位。西方文化是一种明喻文化，重视造型、线条、图案、色彩本身的客观化美感，以视觉舒适为第一。

中国文化漠视"性"的存在，服饰不表现人体曲线，不具备感官刺激要素，宽衣博带，遮掩人体，表现的是一种庄重、含蓄之美。西方文化崇尚人体美，重视展示人体的性差异，不忌讳表现性感：古典模式是表现女性的第二性征，如露颈、露肩、露背、半胸，以紧缩腰围和垫臀来表现女性胴体曲线；现代模式是以简约的形式表现人体的自然身形，以短露和紧身为现代时髦模式。

一、不同的衣料文化

脱离茹毛饮血的原始社会后，人类在不同的地理环境中创造出不同的衣料文化。中国人很早就开始利用葛、亚麻、苎麻等植物纤维和羊毛等动物纤维来织布，而且早在 6900 年前，就已经开始养蚕织丝。丝绸是中国人对衣料生活的一大贡献，离开丝绸就无从谈起。

与中国发达的丝绸文化相比，古埃及则主要是亚麻文化，两河流域主要是羊毛文化，印度是棉文化的发源地。古希腊和古罗马在衣料方面没有什么创举，是对地中海沿岸的上古文明的继承，即亚麻文化与羊毛文化兼而有之。而对于丝绸，虽然早在公元前，古罗马就通过丝绸之路领略了来自东方的丝绸风采，但在相当长的历史时期内，古罗马人始终无法弄明白这美丽织物的奥秘。一直到公元 552 年，拜占庭帝国派遣两位懂中国话的传教士到中国，才弄清丝绸的秘密，一个世纪以后，在拜占庭才织出丝绸来，而欧洲人自己能织出丝绸，要到 13 至 14 世纪意大利文艺复兴之后。

二、不同的服饰功能意识

对于服饰的功能，中国人与西方人在认识和侧重点上存在着明显的差异：自古以来，中国人就非常重视服饰的社会伦理功能，不仅把穿衣局限于保暖或装饰的功能，而且更加关注的是其"治国安天下"的社会伦理功能。从夏、商到周朝，服饰礼仪制度逐渐完善，在此基础上，这种观念几乎贯穿整个中国历史，历朝历代，统治者都非常重视用穿戴装束来统一人的思想，不厌其烦地反复修订服饰制度，以此来规范各阶层人的行为，来"治国安邦"。

西方在这方面就无法与中国相提并论，虽然古罗马人也曾十分重视衣服对于身份的表示，封建时代也曾不断推出各种服饰禁令，但大多是一些奢侈禁令，很少有像中国人这样充分地把服饰的社会功能发挥到极致的，而更多注重的是服饰的财富价值和审美功能。

三、不同的着装观念

在着装观念上，中国人和西方人相比也表现出明显的区别。由于儒家思想的影响，以及对服饰的社会伦理功能的重视，中国人穿衣始终保持着一种东方式的矜持，对肌肤严密地包藏和掩蔽，中国服饰文化在一定程度上可说是一种"包"的文化，既不能"显露"体形，也不能随便"裸露"肌肤。衣服与人体之间保持着一个宽大的空间，这促使衣服在造型上变化相对较为平稳，很少有大的起伏，而在表面装饰上，在纹样、色彩的象征意义上，在衣料质地和装饰手段的开发等方面得以发展；这种"包"的文化使中国的衣服始终保持着严谨的造型，除魏晋时期的部分男装（如"竹林七贤"）和盛唐时期的贵族女装外，一般很少有裸露肌肤的表现。

与此相对，西方的服饰则不同，除了中世纪受基督教的影响，出现了否定人的存在，否定人体美的表现这种特殊时期外，无论是古代的"宽衣"文化，还是文艺复兴以来的"窄衣"文化，西方的衣服都非常写实，甚至是夸张地表现人的体形，尤其是自中世纪末期的"哥特式"时代以来，更是十分"露骨"地"强化"男女两性在体形上的性别特征，不仅想方设法来"显露"两性这种外形特征，而且不断地扩大裸露的面积和部位（尤其是女装）。在"显露"方面，还创造出一系列"补强"的手段。这种方式促使西方的服饰在造型上有很大的起伏，在衣服结构上出现许多人为的创造性。

四、不同的着装方式

从着装方式上看，东西方也存在着明显的区别。

中国的衣服自古以来就以上衣下裳为特征，前开前合，多用带子固定衣服，穿脱方便；而西方的衣服则从披挂式到贯头式，再到前开式，形式多样，多用饰针或扣子固定衣服（尽管西方的扣子是从亚洲学来的），形成一套较为复杂的穿着技巧。尤其是贯头式的穿法，在中国服装史上很少看到，而在西方，这种着装方式却十分发达，从古埃及的"丘尼克"，到古罗马的"丘尼卡"和拜占庭的"达尔玛提卡"，再到中世纪的"布里奥"，以及后来的各种"罗布"，几乎都是贯头式的。现代女装中非常发达的一个品种——连衣裙，也以贯头式的为多，或者说最正统的连衣裙还是贯头式的。而中国虽然早在公元前的春秋时就出现上下连属的"深衣"，但那从一开始就是前开前合式的，后来的各种袍、衫，也都是前开式的。现在人们穿的前开的西式衬衣，过去也是贯头穿的，真正的前开式衬衣是 19 世纪中叶以后的事情。

另外，披挂式衣服在西方也十分发达，而在中国，这种穿着方式出现较晚，大约是随着佛教一起从印度传来的，到现在也还局限于僧人的袈裟。古希腊的"希顿"和"希玛纯"以及古罗马的"托加"，这些用一块布披挂在身上的衣服，强调披挂时形成的优美的垂褶效果，这也形成了区别于中国传统服装形态和着装方式的一种独特类型。西方的"宽衣"与中国的"宽衣"，无论在形式上、内容上，还是在观念上、效果上都不可同日而语，完全是两种不同的文化。

中国和西方服饰文化各具有丰富的内涵和鲜明的特色，它们都是人类祖先留下来的宝贵文化遗产，是世界文化宝库的瑰宝。

第三节　中国传统服饰的文化内涵

我国历代不同形式的服饰风格、色彩组合、面料选用及附属装饰，无不彰显着中华民族传统服饰的美学思想，传达着人们的文化教养、风度气质、宗教信仰、心理状态和审美观念，记录着当时的社会风尚和发展水平。中国人受儒道互补的美学思想影响，重视情理结合，追求闲适、平淡、中庸，追求超出形体的精神意蕴。从先秦的深衣、汉朝的袍服、宋朝的褙子到元明的比甲、清朝的马甲、民国的旗袍，中国传统服饰的发展演变蕴含了独特的东方美学意蕴：追求"天人合一"的伦理美、追求"典雅华贵"的造型美、追求"气韵生动"的意境美。

一、追求"天人合一"的伦理美

《周易·系辞下》："黄帝尧舜垂衣裳而天下治，盖取诸乾坤。"所谓取诸乾坤，指乾上坤下，如同上衣下裳。中国古人把衣裳和自然天象联系起来，赋予服饰特有的象征意义。上衣下裳之制，正用以暗喻先民对世界秩序的理解——君臣、领袖、官吏（谐音冠履）等，都属于衣裳。不但形制像天地乾坤，色彩也是如此。因为天玄地黄，所以帝王之服"玄衣黄裳"。后遂以"垂衣裳"来指代定衣服之制，示天下以礼，这个意象显示出中国传统服饰所蕴含的强烈的象征性，成为统治者"昭名分，辨等威"的工具。

上衣下裳之制，到周朝发展出深衣。《五经正义》说："此深衣衣裳相连，被体深邃。"在制作中，先分裁上衣下裳，然后在腰部缝合，成为上下连属制的整长衣，以示尊祖承古；深衣的下裳以十二幅裁片缝合，以应一年中的十二个月；而深衣的袖、领、背、下摆的法度又对应规、矩、绳、权、衡。此即服饰社会功能审美的体现，亦可看出中国古代服饰所具有的政治伦理意义。

注重装饰也是中国传统服饰美的主要形态，经典的传统工艺有滚、嵌、镶、荡等技法，运用这些工艺技法创造的效果是服装领、袖、襟等部位装饰线的各种形态的变化，从周朝"续衽钩边"的深衣到清朝"十八镶滚"的繁复装饰，采用写实与变体相分离的动物、几何纹样、花草枝、藤蔓纹等具有象征和写意的服饰装饰图案，无一不是在传达一种与政治或伦理的关联意向。

二、追求"典雅华贵"的造型美

从文艺复兴时期开始，西方的服饰发展走上立体塑形的道路，剪裁线多为弧形曲线，随着人体表面的起伏而贴合人体，强调立体感和空间感。例如，洛可可风格的女装，非常写实地把体现女性美的部位锁定在纤腰和丰臀上，紧身胸衣、裙撑或臀垫突出女性丰挺的胸部、纤细的腰身和膨鼓的臀部，这种饱满的漏斗形造型模式极大地强调女性性别的特征，加强了人们对人体形态的感性直观认识，是西方服饰美学造型特征的典型代表。

中国传统服饰结构采用平面裁剪，面料以两肩为支点披挂而下，衣服由领口直接垂至腕上才接袖，不把接口拉到肩上，这样的上衣和宽长的下裳配合起来，才有"垂衣裳"的感觉，人显示为一种坐如钟、立如松的形象。走动时，衣内人体多处部位都会成为瞬间的支点，在运动中出现的节奏性衣纹变化使人体造型含蓄而微妙，一种韵律含蕴其中，使人体本身的美感和生气也通过线韵得到充分流露。

中国传统服饰既不像西方服装那般追求准确勾勒人体的胸、腰、臀部曲线特征，又不同于古希腊、古罗马那样用一块布随意地披挂或缠裹于身上，而是采取"半适体"的款式，多以高领、宽衫、大袖、阔袍为基本样式。"宽衣大袖"使衣服与人体之间保持着一个宽大的空间，造成一种包藏又不局限人体的典雅华贵的造型美，形成东方式的美学意蕴。

三、追求"气韵生动"的意境美

中国传统服饰受到道家美学思想的影响，形成了偏重抒情、写意的美学特征。中国传统服饰不在突出人体之美，而在营造一种超越形体的精神空间，崇尚含蓄、委婉、深沉而又飘逸的审美理念。中国传统服饰是半剪裁，不像西装那样合身。衣饰与人体在整体审美上达到一种和谐相称的关系，融合一体。人自身的形体特征被最大限度地淡化和消融，而服装的精神功能得到凸显。中国传统服装通常只有前后两片，其造型就像中国画的"笔情墨趣"，在结构以及维度上属于平面结构，服饰可以平摊在一个平面上，强调均衡、对称的服装布局以及造型方法的统一，以规矩、平稳为最美。结构线主要以直线为主，形式较单一，造型宽松离体，注重表现人的精神气质、神韵之美，这相似于中国画中的写意手法，即不执着于对事物的客观再现，而是注重"不着迹象、超逸灵动"之美，这里面蕴含了中国道家和禅宗的美学情趣。

※拓展阅读

旗袍与中山装

服装史学者袁仄认为，旗袍和中山装依然是当今中国最好的传统服饰。它们无论是在设计、制作上，还是在审美理念上都具有明显的中西合璧特征，融合了东西方的审美。

一、旗袍的发展演变

1. 传统旗袍

旗袍历经了300余年的历史演变。元明时期，满族的先民称为女真，居住在长白山、松花江与黑龙江一带的辽东边外，由于渔猎经济占有重要的地位，男女老少都精于骑射。1601年，努尔哈赤统一了女真诸部落，创立了正黄、正红、正蓝、正白四个不同旗帜的队伍。过了十五年又增设了镶白、镶黄、镶红和镶蓝四种旗帜，共为八旗。所以，凡是被编入旗籍的族人即称为旗人，旗人穿的袍子就叫作旗袍。这种旗袍的款式为右衽大襟、扣襻、圆领，下摆有直筒和两面开衩或四面开衩之分，袖口较窄，并且要用布带来腰。旗袍不分男女老少，都是同一款式，只是按季节分单、夹、皮三种。

传统旗袍（图2-1）是上下一条线，外加高高的硬领，裁制一直采用直线，胸、肩、腰、臀完全平直，女性身体的曲线毫不外露。

旗袍，一开始作为满族典型服饰，一般都较为紧窄合体，以利于游牧民族骑射或其他剧烈活动。旗袍的衣身修长、衣袖短窄的特点，与历时数千年的汉族服饰的宽袍大袖拖裙盛冠形成鲜明的对比。旗袍用料节省、制作简便和穿着方便，是后人易于接受的主要原因。

图2-1　传统旗袍

2. 改良旗袍

1911年，辛亥革命推翻了中国历史上最后一个封建王朝——清朝政权，中华民国成立。在追求自由、平等思潮的背景下，人们的思想受到了强烈的冲击，人们对服饰的审美观念有了彻底的改变。这时最流行的当数"文明新装"，修长的高领衫配黑裙，后来换成低领喇叭袖短袄，文明新装对旗袍的发展有着直接的影响，特别是腰身的收紧，对旗袍的改革是一个重大的突破。旗袍在其改制过程中经历了"经典旗袍"和"改良旗袍"两个阶段。经典旗袍以传统的直身平面裁剪为主，并开始引入西方的省道工艺，使旗袍更加合体。改良旗袍在结构上吸取西方的裁剪方法，运用绱袖、垫肩工艺和拉锁等造型明显暴露人体曲线，外轮廓呈流线型。改良旗袍在衣裳的制式和服装的配套上已经与西方的裙服如出一辙，下身不再穿裤或裙，内着内裤和丝袜，开衩处裸露小腿，由开襟到半襟，改为西式套穿。"改良旗袍"从20世纪20年代开始风行，款式几经变化，如领子的高低、袖子的长短、开衩的高矮，旗袍在不断的改良、创新中日益夺目（图2-2、图2-3）。

图2-2　20世纪20年代初期旗袍样式

图2-3　20世纪20年代中期旗袍样式

自20世纪30年代起，旗袍几乎成为中国妇女的标准服装，民间妇女、学生、工人、达官显贵的太太，无不穿着。旗袍甚至成了交际场合和外交活动的礼服。也就是在此时，旗袍奠定了它在女装舞台上不可替代的重要地位，成为中国女装的典型代表。全世界家喻户晓的旗袍，被称作Chinese dress的旗袍，实际上正是指20世纪30年代的旗袍。旗袍文化完成于20世纪30年代，20世纪30年代是属于旗袍的黄金时代。进入20世纪30年代以后，旗袍造型趋向完美成熟，20世纪三四十年代的旗袍彻底摆脱旧样式，抛开繁缛与矫情，让女性的体态和曲线美充分显示出来，以追求自然简单为美；利用西方独特的剪裁工艺，主张体现人体的自然曲线美；注重突出个性，表现出自由多样化的美。改良后的旗袍之所以能获得国民认同，是因为它融合了东西方的审美（图2-4）。

图2-4　20世纪30年代各种袖形和不同面料的旗袍

旗袍虽然脱胎于清旗女长袍，但已迥然不同于旧制，成为兼收并蓄中西方服饰特色的近代中国女子的标准服装。

由于旗袍的修长适体正好迎合了南方女性清瘦玲珑的身材特点，所以在上海滩备受青睐。而加入西式服装特点的海派旗袍，很快从上海风靡于全国各地。这样，作为海派文化的重要代表，海派旗袍便成为20世纪30年代的旗袍主流（图2-5）。

图2-5　海派旗袍

3．现代旗袍

旗袍简洁明朗的线条、丰富多姿的款式、质地轻柔的面料，衬托出中国女性优雅、柔美、典雅、妩媚的美。20世纪80年代以来，旗袍重新展现蓬勃的生机和迷人的魅力。无论是在居家生活中，还是在礼仪舞台上，甚至在社交场合中，能够再度流行，成为今天的经典，原因在于旗袍以其不变的民族风格，适应当今万变的审美需求，成为女性衣橱里必不可少的时装，更成为国内外设计师灵感的源泉。它的立领、盘扣、开衩等元素，已成为一种符号，被设计师巧妙地结合到现代的时装当中（图2-6）。

图 2-6　现代旗袍

　　旗袍外形圆满、构造适体、内外调和，展现出东方女子含蓄、典雅、温婉之美，是中华服饰文化的代表。现代旗袍在清朝旗袍的基础上，吸收和借鉴了西方服饰的特点，产生了具有中国特色和带有服饰韵律的造型风格，形成了直线与曲线、封闭与开合的对比形式，使旗袍成为中国典型的女性代表服装。

　　回望历史，旗袍上的"革命"：从宽袖到窄袖，从长袖到短袖，从高领到小立领，从长到短，从低开衩到高开衩，是一个从保守到开放，从传统审美到现代审美的转变过程。旗袍的变迁，见证着中国女性追求美、寻求解放的历程，也是中国社会冲破传统藩篱、走向现代文明的历程。

　　二、旗袍对现代服装的美学启示

　　旗袍既能适度地展现女性的体态线条，又以自然简洁的方式体现东方人内敛含蓄、端庄典雅的气质，以一气呵成的线条感，流畅地展现了女性的美感，最终成为一个时代衣着的经典样式。"沉静而又魅惑，古典隐含性感，穿旗袍的女子永远清艳如一阕花间词。"作家叶倾城寥寥数语，道出了旗袍女子温婉又略带魅惑的形象。

　　旗袍已经从民族走向世界，更多样化地以其深厚的历史意义和独特的美感出现在各大影视作品和世界性的活动项目中，例如奥运会、国际电影节颁奖典礼等（图 2-7、图 2-8），彰显着民族文化同世界文化碰撞后的创新力量和无限美感。现代日新月异的式样、更加艺术化的设计赋予了旗袍更广的意义与影响力。当代法国著名的时装设计大师皮尔·卡丹说过："在我的晚装设计中，有很大一部分作品的灵感来自中国的旗袍。"

图 2-7　2008 年北京奥运会上礼仪小姐的旗袍　　　　图 2-8　2014 年 APEC 会议上的旗袍

三、中山装

孙中山先生创制的中山装在国际上代表着中华民族和中国的正式礼服。中山装无论在设计、制作上，还是在审美理念上都具有明显的中西合璧特征（图2-9）。

第一，中山装的设计体现了中西方服饰设计理念的统一。

中山装采取西服的基本模式，但又作了较大的改变。一是服装的长度大大缩短，中山装比起西式礼服更经济、更合体、更便利。二是领子有了很大的变化。西服为敞开式的大翻领，习惯于着长袍马褂的中国人穿西服一怕脖子受冻，二嫌穿着西服须有与之相配套的衬衣领结背心，讲究颇多。中山装对此作了改进：取中国旗袍的特点将大翻领改为关闭式的立翻领，前领窝处就没有受冻之忧了；取西服衬衣领子挺括之优点，将其移植到中山装的领子上，这样就兼具了西服上衣、衬衣和硬领的功用，穿起来硬挺、精神。

图2-9　中山装

第二，中山装的制作融汇了中西方服饰的制作技术。

中山装是西服中国化的成功之作，它在制作中运用西服的裁剪技艺，注重人体的比例和生理特征，以胸围尺寸为主导，分段剪裁，其肩位、胸背、袖窿，按胸围的一定比例加以精确计算，再通过垫肩、收省的技术，突出人体的曲线造型，使之穿着更加合体。在缝制过程中又运用了中国传统服装制作中缝、撬、镶、滚、绣、绞、拨、搬等工艺，使中西缝纫技术有机地融为一体，有力地推进了中国服装业的发展。

第三，中山装的创制体现了中西方服饰审美理念的统一。

如前所述，中山装是借鉴西服样式制作的，因此，它具有西装这一西方服饰审美文化的特征，主要表现在注重人体造型，注重借服饰来体现和传达人体的美感。中山装的整体造型表现出严谨、整饬和大方的风格。它将西服的敞开式大翻领改为关闭式立翻领，5个门襟扣从领脚处开始呈直线型向下排列，硬领处又装以风纪扣，将领子严严实实地关上，符合中国人内敛、稳重的性格特征；它将西装的3个没有实用价值的暗袋改为4个明袋，如此"双双""对对"，颇具均衡对称之感，很符合中国人的审美心理；左上袋盖靠右线迹处留有约3 cm的插笔口，用来插钢笔，下面的两个明袋裁制成可以胀缩的"琴袋"式样，用来放书本、笔记本等学习和工作必需品，衣袋上再加上软盖，袋内的物品就不易丢失，这样的设计不仅美观，而且实用，是中国服饰文化中"利身便事"服饰审美观的体现（图2-10）。

图2-10　现代中山装

讨论：1. 你知道旗袍这一服装样式是如何演变发展的吗？

　　　　2. 旗袍体现了东方女性怎样的美？

第四节　当代服饰文化的发展趋势

　　当今时代，随着经济的不断发展，科技的不断进步，世界经济贸易的全球一体化带来了生活方式的同质化。服饰潮流也在这一大趋势下日益"趋同"。西方人对中国这条东方巨龙的崛起刮目相看，尤其是西方的服装设计师在推出的新作当中不断融入中国服饰文化元素。未来中国人的服饰将以"国际化"的西方服饰文化为主流，还是以中国本土的服饰文化为主流，或是两者的融合为主流，目前尚无定论。

　　作为一种文化符号，中国传统服饰表达了古人对宇宙、对世界、对社会、对人生的理解，体现了中国人"中正平和、雍容宽大"的核心精神，传承中式服装，也是从传统文化中汲取力量。

　　2014 年 11 月 10 日晚，参加北京 APEC 会议的各成员方领导人及配偶在欢迎晚宴前，身着特色中式服装合影，吸引了世界的目光（图 2-11）。

图 2-11　2014 年 APEC 会议服装

　　男领导人服装采取了立领、对开襟、连肩袖，提花万字纹宋锦面料、饰海水江崖纹的上衣；女领导人服装为立领、对襟、连肩袖，双宫缎面料、饰海水江崖纹外套。

　　2014 年 APEC 领导人的服装设计充满东方传统文化的意蕴，是一系列展示中国人新形象的中式服装，体现了温润、儒雅、包容的服装风格。在面料的选用上，这些服装采用了苏州的宋锦，华而不炫、贵而不显，与中国人内敛的精神气质很吻合；色彩上，选用了故宫红、靛蓝、孔雀蓝、深紫红、金棕、黑棕等厚重大方的传统色调；在廓型设计上，选用目前最流行的极简大廓型设计，简约大气（立领对襟，明朝出现，盛行于清；开襟，商朝出现，盛行于唐宋；连肩袖，中国最古老的服装结构）；在纹样上，大量使用苏绣等传统工艺来进行细节装饰，"海水江崖纹"的设计，则赋予了21 个经济体山水相依、守望相助的寓意；在工艺上，采用手工缝制内线等无缝处理手法。

　　以马可、梁子、楚艳等为代表的中国当代服装设计师坚持在时尚设计中渗透文化与艺术内涵，致力于传承中国传统文化和审美意趣，作品意在传递中国式的优雅、恬淡与从容（图2-12、图2-13）。

图2-12　设计师马可的服装作品

图2-13　设计师楚艳的服装作品

　　中国传统文化和服饰是现代服装设计师们取之不尽的灵感源泉，这些作品趋于从东方传统文化中去挖掘灵感，表达中国审美哲学中那种超越于形式的意境美。这种形而上的意境，不需要特别具象的感觉，充满了中国式的神韵，在浮躁、快节奏、追求奢华的社会氛围下展现安然、舒缓和朴素的精神气质。

第三章　齐鲁服饰文化

第一节　孔子"文质彬彬"的服饰文化观

孔子是中国两千年礼法社会和道德体系的建设者，同样也是中华民族服饰文化心理结构的奠定者。孔子服饰文化观的独特之处在于，他从礼入手，将服饰纳入自己的仁学体系，形成了蕴含伦理规范和礼仪原则的中国服饰美学思想，对中国服饰文化产生了重大影响。

一、孔子的穿衣之道

《论语·乡党篇》共27章，集中记载了孔子的容色言动、衣食住行。例如，孔子在面见国君时、面见大夫时的态度；他出入于公门和出使别国时的表现。《论语·乡党篇》不厌烦琐地记载了孔子在不同场合、不同场景、不同时间对于着装的款式、服色、质地、尺寸等的要求，从《论语·乡党篇》我们能生动细致地了解孔子的着装之道。

"君子不以绀緅饰，红紫不以为亵服。当暑，袗绤绤，必表而出之。缁衣羔裘，素衣麑裘，黄衣狐裘。亵裘长，短右袂。必有寝衣，长一身有半。狐貉之厚以居。去丧，无所不佩。非帷裳，必杀之。羔裘玄冠不以吊。吉月，必朝服而朝。"

——《论语·乡党篇》第六

释文：

"绀"（gàn）和"緅"（zōu）是表示颜色的两个词，绀是紫色的丝，緅是绛色的丝。古人的衣服领口、袖口上有边，这个就叫饰。孔子不会用紫色、绛色的丝绸做衣服的领边、袖边。

那么，孔子为什么不用紫色和绛色的丝来做衣服的边呢？因为这两种颜色是有特定含意的，绀是斋戒时穿的衣服的颜色，绛是丧服的颜色。所以孔子不会用这两种颜色的丝来做平时穿的衣服的边。

亵（xiè）服是私下里穿的衣服，就像我们现在人穿的家居服这一类。"红紫"不是指红色和紫色两种颜色，而是指介于红紫之间的颜色，是杂色，不是正色。古人认为只有五种色是正色，就是金、木、水、火、土五行的颜色，即黑、白、红、黄、青，除此以外都是杂色，都是调出来的颜色。孔子要求服装的颜色是正色，不能穿杂色，哪怕是私下穿的家居服都不会用杂色的布来做，更不要说正式场合的穿着了。

"当暑"就是正当夏天，"袗"（zhěn）表示单衣，古人穿衣服是冬裘夏葛，冬天穿裘，就是皮衣，夏天穿葛，就是麻。"绤"（chī）是细麻布，"绤"（xì）是粗麻布，袗绤绤就是夏天穿的单衣有两种，有粗麻布做的，有细麻布做的。

夏天很热，在家里穿个单的麻布衣服就行了，但是出门的时候就不行了，必须在麻布衣上穿件罩衫，因为麻纱是透亮的，你穿出去别人全都看见了你的身体，所以叫"表而出之"。穿上罩衣不让人看到你的身体也是一种礼貌，尊重别人。

古人穿衣服，冬天穿的皮衣是把毛那一面露在外面，皮子在里面，里边衬了布，如果只穿皮衣，毛在外边会毛茸茸的，因此，古人出门的时候，不能直接把皮衣穿在外边，在皮衣外边还要穿一层单衣，把皮衣给罩住。你穿黑羊皮的衣服出门，外边必须配上黑色的罩衫，这样色彩搭配才和谐。"缁"就是黑色，黑色的外衣，"羔裘"就是黑羊皮做的衣服。"素衣"是白色的，如果是白色的衣服做外衣，里边就穿"麑裘"，麑裘就是用白鹿皮做的皮衣。你外边穿黄色的单衣，里边就要穿狐狸皮做的大衣，狐狸皮是黄色的，这就是"狐裘"。

"亵裘长"，亵是私下穿的衣服，裘是皮衣，你私下穿的皮衣要比较长，因为你在屋里边要保暖。"短右袂"，袂是指袖子，右手的袖子要短一些，古时候的裁缝制衣服，一般都是右袖短于左袖。因为右手是做事的，所以右手的衣袖长了不方便，右袖要短。

"狐貉之厚以居"，"居"就是坐的意思，坐垫要用皮来做，狐皮和貉皮要厚一点，厚了保暖。

"去丧，无所不佩"，"丧"就是办丧事，"去丧"就是办完了丧事。古时君子要佩玉，因为玉是用来形容君子的品格的，温润、外柔而内刚。但是办丧事的时候就不能佩玉，这时候身上的装饰品都要取下来，着素衣来表示内心的悲哀。丧事办完了以后要恢复常礼，该戴的玉都要戴上。

"非帷裳，必杀之"，"裳"指下衣，"帷"是祭祀时候的下衣，"杀之"就是斜着裁。做衣服的时候，一块布，可以正着裁，也可以斜着裁。祭祀时候穿的帷裳要一块整布正着裁。但日常穿的下衣就要斜着裁。意思是说，祭祀的服装布料不能节省，那是和神相通的，要诚敬，该用就用，但平时该节约就要节约，这也是孔子的思想，该用的时候就绝不吝啬，该节约的时候绝不浪费。

"羔裘玄冠不以吊"，穿黑色的羊皮衣，戴玄色帽子，不能去吊丧。因为玄是黑里还略带点红的颜色，不能用于丧事，只能素衣以致哀。

"吉月，必朝服而朝"。吉月就是正月，每年的正月，必穿上朝服。有几种讲法，一说吉月是每年的正月初一，还有的说是每个月的第一天，都称为吉月。每年的第一天，每个月的第一天，都是指天道运行达到一个节点，表示新的时光要开始了，人要振作，所以这一天要穿上朝服。而朝，就是说你如果是做官的，吉日这一天就要穿着朝服朝拜君主，曾经做过官的人，则穿着朝服，朝着朝廷的方向拜三拜。

从以上记载的孔子在不同场合、不同场景、不同时间对于着装的款式、服色、质地、配饰、尺寸等的要求，我们可以发现孔子将服饰的讲求与人格的塑造联为一体，"见人不可不饰。不饰无貌，无貌不敬，不敬无礼，无礼不立"。

二、孔子"文质彬彬"的美学思想

到底是内在美重要还是外在美重要？关于这个问题的讨论古已有之。下面我们来看两个故事。

故事一：孔子带着弟子去访问子桑伯子

汉代刘向《说苑·修文》中记载了一个故事：

孔子带着弟子去访问子桑伯子。子桑伯子既不戴冠，也不穿会客的衣服，光着膀子待在家里。孔子的弟子不高兴，问孔子干吗要见这个"简"到衣服都不穿的家伙。孔子说："我欣赏伯子的朴实无华，即他的'质'，见他，是想让他变得'文'一点。"孔子走了以后，伯子的门人也不高兴，问伯子："先生为何要见孔子？"子桑伯子说："这个人质美而文繁，我要说服他，使他去掉文。"

这个故事说明了我国古代道家和儒家对"文"和"质"的关系的不同观点。伯子是古代的隐者，他讨厌繁文缛节、追求返璞归真，代表了道家对于"文"和"质"的观点。

故事二：子路盛服见孔子

在《荀子·子道》一文中记载了这样一个故事：

子路盛服见孔子，孔子曰："由，是裾裾，何也？昔者江出于岷山，其始出也，其源可以滥觞，及其至江之津也，不放舟，不避风，则不可涉也。非维下流水多邪？今女衣服既盛，颜色充盈，天下且孰肯谏女矣？"子路趋而出，改服而入，盖犹若也。

子路穿戴得十分讲究去见孔子。孔子："仲由，你为什么这样讲究穿得飘飘然呢？从前长江的水，从岷山流出，它的源头水很小很浅，仅能浮起一只酒杯，但流至长江的渡口，不用两船并在一起，不避开大风，就无法渡过去，这不是因为它的下流能够容纳许多支流吗？如今你穿得这样讲究，神色如此高傲自满，天下的人还会有谁肯教导你呢？"子路听了觉得很惭愧，赶快退出来，换上平时的衣服再进去，比刚才自然多了。

从以上两个故事可以看出，孔子既要说服子桑伯子穿戴要讲点文饰，着眼点是使人的质美得到服饰的衬托和象征；又批评子路穿戴太气派，在孔子看来，穿着过于讲究，就容易与别人造成距离感，影响人与人之间的和谐关系与融洽气氛。孔子的服饰审美观，正表现在这矛盾的统一之中。

孔子在《论语·雍也篇》中说："质胜文则野，文胜质则史，文质彬彬，然后君子。""文"是外在修饰，"质"是内在本质，"野"是粗陋、鄙俗，"史"是精巧、文雅。孔子认为，文、质是相须而用，文太多，质太多，都不好，最好能把两者协调起来。"文质彬彬"，就是折中文、质，让两者恰如其分。

对于孔子而言，子桑伯子是"质胜文"的粗野荒蛮，而子路盛服矜色是"文胜质"的呆滞拘谨，都不符合他的审美要求。作为君子，着装不能太原始简陋，亦不能太繁修美饰。"文质彬彬"才是孔子孜孜以求的服饰理想境地。

三、孔子的服饰美学思想对当代的启示

先秦时代，人类刚刚从荒蛮境界走出没多久，而当时服饰材料的获得又颇为艰难，服饰款式的制作、服色的染取都非轻而易举所能成功。所以墨家讲求"衣必常暖，然后求丽"，提倡"节用""尚用"；道家提出"被（披）褐怀玉""甘其食，美其服"；法家韩非子提倡服装要"崇尚自然，反对修饰"。而孔子则把服装作为文明教化的重要议题，以服饰的讲求引导人们求雅求美，塑造"文质彬彬"的君子形象。孔子认为君子有德，还需要通过服饰以彰德，彰其"文"以显其"质"。有德有佩，有文有质，才能达到"文质彬彬"的理想的审美境界。

相比较法家的"好质而恶饰"、道家的"被褐怀玉"、墨家的"衣必常暖，然后求丽"，孔子的"文质彬彬"服饰审美思想对中国的服饰文化产生了长久而深远的影响。孔子将服饰与人格联为一体，认为服饰的美体现在文与质的和谐、善与美的统一，是内在美与外在美的和谐统一。孔子对服饰审美的追求蕴含了伦理规范和礼仪原则，注重个人内在修养和外表礼仪，只有"文"和"质"两者相互和谐，相得益彰、均衡交融，才是至美和谐。

虽然现代服饰无论在内容还是形式上都与几千年前的孔子时代迥然不同，但现代服饰还是始终坚守着孔子"文质彬彬"这一服饰美学原则：既具有外在形式美又具有与之相一致的内涵，主要体现在现代服饰对色彩、式样及其制作用料上特别讲究，注重服饰的外在美感；同时又要通过这些外在的看得见的形式表现出穿着者的独特个性和内在气质。

第二节　鲁锦文化

鲁锦是鲁西南民间织锦的简称，它是山东鲁西南地区独有的一种民间纯棉手工提花纺织品，具有浓郁的乡村风格和鲜明的民族色彩。2006年鲁锦织造技艺被列入山东省第一批省级非物质文化遗产名录，2008年被国务院公布列入国家级非物质文化遗产名录。

一、鲁西南地区悠久的织造历史

许多资料显示，山东地区的织造业在纺织技术的发展历程中一直处于领先的地位。早在商周时

期，黄河流域就出现了一种木制的纺织工具——"锯织机"，也叫作"腰机"。早在商周时期，已经出现了多彩提花的锦（图 3-1）。

图 3-1 鲁锦织机

在春秋战国到秦汉时期，齐鲁大地已是我国的产锦中心了。"齐纨鲁缟"号称"冠带衣履天下"。孔子被称为"一介布衣"说明了曲阜织布工艺的普及。《曾母投杼图》《孟母断机教子图》，反映了嘉祥、邹城一带机杼和鸣的景象。汉朝时期，亢父（今济宁市）是全国三大纺织、服饰手工业中心之一。

魏晋南北朝时期，鲁西南地区广植桑麻，桑麻纺织得到进一步发展。

唐朝诗人李白赞美齐鲁人民："鲁人重织作，机杼鸣帘栊"，杜甫在《忆昔》中有"齐纨鲁缟车班班，男耕女桑不相失"的诗句，正是鲁国纺织业兴盛的写照。

元明之际，鲁西南人民将传统的丝、麻纺织工艺糅进棉纺织工艺，形成了独特的鲁西南织锦，织造技艺达到了炉火纯青的境界。

清朝鲁锦曾作为贡品进献朝廷成为御用之物，至今中央美院民间美术研究所还收藏着清朝鲁锦数百个品种。

二、织鲁锦的习俗

鲁西南地区棉花纺织业比较普及，也较为发达。家家植绿、户户纺织的景象曾持续了很长时间，"一妇不织或受之寒"的谚语早在汉朝时期就已在梁山等地广为流传。每年过了谷雨，家家户户开始种棉，阴历八、九月份进入棉花收获的季节，采摘的棉桃经过脱籽、弹花之后就可以纺线织布了。这里家家闻机杼，户户纺织忙，当地流行的儿歌中就有"嗡嗡嗡，纺棉花，一纺纺了个大甜瓜"的唱词。

在鲁西南地区一直盛行着女子结婚陪嫁织锦的风俗。这里的农家姑娘从十三四岁开始织布，一是为了生产家居用品和服饰，二是为了准备嫁妆织锦，三是为了美化居住环境。按当地风俗，女孩子出嫁时娘家陪送的嫁妆中必须有"几铺几盖"，即几床被子，几床褥子，外加一箱成匹成卷的织花布。从娘家到婆家，一路走，一路"展"，织锦样式的多与少，是评判新娘是否心灵手巧的重要标准，织得好的妇女被称为"巧闺女""巧媳妇"。

三、鲁锦的织造工艺

鲁锦的织造工艺极为复杂，从采棉纺线到上机织布全部采用纯手工工艺，先后要经过大大小小72 道工序，主要有纺线、染线、抽线、经线、闯杼、刷线、掏缯、吊机子、织布 9 道主工序，每道主工序又有诸多子工序。织造工具几乎全是木制的，结构都很简单。随着鲁西南劳动妇女对纺织技术的不断革新，民间织锦由最初一把梭、两把梭，发展到 13 把梭，最多可达 20 把梭。

四、鲁锦纹样和图案

　　质朴聪慧的齐鲁农家织女用吉祥寓意的表现形式，来展示她们对美好生活的向往、追求和憧憬。一针一线都凝聚了她们的爱心，一图一字都寄托了她们的期望。正所谓"图必有意，意必吉祥"。

　　鲁锦的图案意境，是靠色线交织出各种各样的纹饰来体现的。鲁锦通过抽象图纹的重复、平行、连续、间隔、对比等变化，形成特有的和谐美，极具艺术魅力。如今，鲁锦在最初的平纹、斜纹、缎纹、方格纹的基础上，又发展出枣花纹、水纹、狗牙纹、斗纹、芝麻花纹、合斗纹、鹅眼纹、猫蹄纹等 8 种基本纹样（图 3-2 至图 3-9）。早期的二匹缯，已发展到现在的四匹缯、六匹缯、八匹缯。鲁锦用色通常是红绿搭配，黑白相间，蓝黄穿插。不同配色，不同纹样，艺术效果也全然不同。一团团洁白的棉花，经织女灵巧的双手，能够纺、染成 22 种基本色线，鲁西南的农家妇女能靠 22 种色线变幻出 1 990 多种绚丽图案。勤劳善良的"织女"们将自己淳朴的感情、绝妙的幻想与鲁锦特有的形式美交织，织出了一首首田园诗，一幅幅风景画，造就了鲁锦艺术风格的质朴纯真。

图 3-2　枣花纹

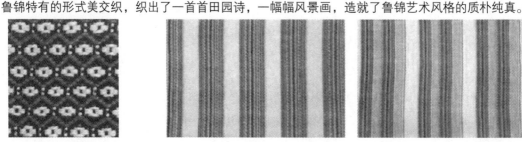

图 3-3　水纹

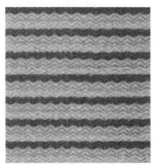

图 3-4　狗牙纹

图 3-5　斗纹

图 3-6　芝麻花纹

图 3-7　合斗纹

图 3-8　鹅眼纹

图 3-9　猫蹄纹

如鲁锦中在民间流传已久的"内罗城、外罗城、里头坐了个老朝廷"纹样（图 3-10），是每个姑娘出嫁时必须织的一种，它完全以一种抽象化的"意向"，借以抒发姑娘们对家乡曾出现过善理国事的国君郕文公的怀念之情，表达了家庭和睦、太平盛世的意愿。

同样，在鲁锦中，吉庆祥和的"八个盘子八个碗，满天的星星乱挤眼"则是表现当地婚礼喜宴热闹场面的纹样，也被称为"喜宴满天星"（图 3-11）。"吃大桌"是鲁西南农村的一种婚庆风俗，婚宴从中午吃到晚上，也叫吃喜。有时一两百人在一起就餐，桌子摆满了院子，人声鼎沸，热闹非凡。纹样利用彩线的经纬交错，产生多层次的色调，以抽象的手法描述了参加婚宴的亲友，从白天畅饮到天黑，连天上星星都欢乐开怀的丰盛场面。

随时代不断变化的"手表、风扇、面棋花"纹样（图 3-12），是十一届三中全会后才出现的民间新图案。农村妇女用直观的手法表现她们戴上手表，吹着电风扇，吃上白面"面棋"（面片）的生活面貌，生动、率直地表达出农民的喜悦心境。到了 20 世纪 90 年代以后，随着市场经济的发展，纹样上的"面棋花"已经换成"辘轳钱"图形，又一次形象地反映了农村的新变化，反映了人们对改革开放带来富裕生活的欣喜。

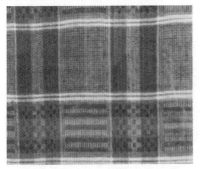

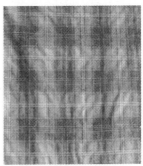

图 3-10　"内罗城、外罗城，里头坐了个老朝廷"纹样　　图 3-11　"喜宴满天星"纹样　　图 3-12　"手表、风扇、面棋花"纹样

五、鲁锦传承人

赵芳云，女，1944 年出生于嘉祥县仲山乡，鲁西南民间织锦技艺代表性传承人。赵芳云在鲁锦上织汉字的工艺达到十匹缯以上，在鲁锦上织出笔画顺畅的汉字对技艺的精确性要求非常高。赵芳云设计的图案或色彩绚丽、如霞似锦，或典雅大方、粗朴厚重，工艺十分复杂。在多年的织锦生涯中，她创造了近百种图案，在当地织锦艺人中享有盛誉。2009 年，赵芳云被文化部公布为第三批国家级非物质文化遗产项目代表性传承人。

刘爱玉，女，1962 年出生于菏泽鄄城，鲁锦织造工艺代表性传承人。刘爱玉掌握的织锦技艺精湛，除了通常使用的四匹缯外，还会使用表现力远远胜过四匹缯的六匹缯。她的织锦技法也是多彩多样，除提花外，她还熟练地掌握了包花、砍花、打花以及通经断纬等织法。织锦图案通过平行、重复、连续、间隔、对比等变化，形成特有的节奏和韵律，逐渐形成了集提花、打花、挑花于一体，于浑厚中见艳丽、粗犷中显精细的独特风格，独具艺术魅力。

六、鲁锦与现代生活

鲁锦作为中国的地区性民间传统纺织品，在现代社会崇尚环保和回归自然的消费潮流中，因其所具有的纯棉质地、手工织造、民族图案三大特点而显得尤为珍贵。在倡导休闲舒适又不失生活品位的今天，鲁锦的应用范围更加广泛，可开发生产出适应现代人生活情趣和审美需要的工艺壁挂、家纺、服装服饰、箱包手袋等多个品种的产品，而其自然本色的特质更受到众多消费者的青睐（图3-13、图3-14）。

图 3-13　鲁锦银锭袋　丹蝶　　　　　　　　图 3-14　鲁锦银锭袋　双鱼

鲁锦的传承与创新只有在保持鲁锦本身所具有的民族传统文化韵味的基础上，与现代工艺技术相结合，融入自然、生态、简约的现代设计理念，才能使鲁锦产品贴近现代人的生活方式和审美情趣，真正开拓一条鲁锦与现代产品、现代生活方式相结合的道路（图3-15）。

图 3-15　服装设计专业学生设计的鲁锦产品

第三节　鲁绣文化

鲁绣是历史文献中记载最早的一个绣种，属中国"八大名绣"之一。鲁绣在春秋时期的**齐鲁**已兴，史称"齐纨"或是"鲁缟"，至秦而盛，至汉已相当普及。《史记·货殖列传》有文："齐冠带衣履天下，海岱之间敛袂而往朝焉。"大体意思是齐国生产的帽子、带子、衣服、鞋子畅销天下，从海滨到泰山之间的诸侯都整好衣袖来齐国朝拜。

汉代学者王充也曾在《论衡》一书中感叹道："齐郡世刺绣，恒女无不能"，说明汉代鲁绣已很昌盛，刺绣已相当普及。不仅如此，还出现了专门为绣业而设置的"服官"，据《汉书》记载，"齐三服官作工各数千人，一岁费数巨万"，当时绣业的昌盛和重要可见一斑。

据山东工艺美院研究民间工艺50多年的丁永源教授讲，现知最早的是1975年出土于邹县的元代李裕安墓中的鲁绣。到了明代开始正式有了鲁绣这一说法。北京故宫博物院馆藏的明代鲁绣《文昌出行图》《芙蓉双鸭图》《荷花鸳鸯图》等为数不多的精品，见证着鲁绣重生之后的魅力与风采。

"鲁绣"所用的绣线大多是较粗的加捻双股丝线，俗称"衣线"，故又称"衣线绣"。图案苍劲粗犷，质地坚实牢固，用色鲜明，针法豪放，朴实而健美，这些特色都符合山东儿女固有的性格特点。

清朝康熙、雍正、乾隆年间，鲁绣进入一个高速发展时期。仅清末民初，山东潍县刺绣作坊就有30多家，绣工之多遍及潍城四乡，因此，潍县素有"九千绣花女"之誉。在清朝出版的《顾绣考》一书中就有"远绍唐、宋发丝绣之真传"的记载。

新中国成立后，鲁绣又进入了一个新的高速发展时期。传统的鲁绣工艺有了很大发展。像发丝绣《竹林七贤图》、徐悲鸿的《奔马图》、大型挂屏《周总理的睡衣》等都在全国产生了极大的影响。20世纪90年代，张培明等老艺人曾开发出肖像绣，并取得了成功。其中，为英国前首相希思等外国领导人绣制的肖像绣更是引起了国际友人的极大兴趣。

鲁绣《荷花鸳鸯图》（图3-16），纵135.5 cm，横53.7 cm。此图以湖色缠枝牡丹暗花缎作底，用十五六种色彩的线绣作荷花、鸳鸯、竹子、石榴、蝴蝶以及山石等。采用了平针、打籽、套针、接针、钉线等刺绣针法。构图生动，设色浓丽，绣线较粗，花纹古朴，绣工平整，耐磨力强，具有当地民间艺术的特点，是明代鲁绣的代表作品。有这种图案的挂轴，多是用作婚礼贺品，挂在室中，借助如此温馨的用意，预祝家庭生活再添美满。婚庆时以刺绣赠贺佳人，是一种十分兴盛的风俗。绣品的肌理疏朗平阔，风韵豪放，映衬出当地居民的豪迈个性。

图3-16　《荷花鸳鸯图》

《文昌出行图》（图3-17），明晚期作品，纵145 cm，横57 cm。此图轴在本色绫地上用衣线彩绣出古代神话传说中主宰功名利禄的文昌在出游途中小憩的场面。作品采取二色间晕的装饰方法，施以平针、套针、平金、钉线、网绣等针法绣制。此作品不但保持了鲁绣的风格，还将衣线放捻，并把苏绣中常见的劈丝绣线融于作品之中，粗中有细，相得益彰。刺绣者绣工娴熟精巧，人物的神态、动作和衣纹的褶皱都细腻逼真。尤其是对"水路"的留置掌握得恰到好处，堪称衣线绣杰出的代表作品。构图简练生动，留给观者自由的想象空间。

《芙蓉双鸭图》（图3-18）为鲁绣的杰出代表作。丝质，以暗花缎为底，用双丝捻五彩丝线绣制。山石、花瓣等仿中国画晕色手法绣制，以针代笔，层层晕染，效果逼真。此图轴绣工承袭鲁绣传统，运用了套针、打籽、接针、斜缠针、活毛针、擞和针、辫子股针、平针等针法，其绣线直径为0.02～0.05 cm，依图案主次而定。此图轴针线细密，绣工整齐均匀，丝理疏朗有致，线条流畅优美，运用了二十余种艳丽的色线，将鲁绣纹饰苍劲、豪放、优美的特点发挥得淋漓尽致，与原绘画比较，更突出了画中纹饰浮雕般的立体感。画面中芙蓉娇艳绚丽，双鸭与山石花木生趣盎然，风格与江南苏绣的细丝淡彩截然不同，体现出北方民间刺绣朴素苍劲的特征。

鲁绣《五伦图》（图3-19），以本色素绸为底，片金线满绣铺地，再于金线地上以各色丝线刺绣五伦图纹样。所谓"五伦"，又称"五常"，是指中国古代传统文化中儒家所提倡应遵循的君臣有义、父子有亲、夫妇有别、长幼有序和朋友有信这五种人际关系和道德伦理。"五伦"，最早出于《孟子·滕文公上》："使契为司徒，教以人伦。父子有亲，君臣有义，夫妇有别，长幼有序，朋友有信。"五伦图，又称"伦叙图"，则是取凤凰、仙鹤、鸳鸯、鹡鸰、黄莺五种瑞禽组合成图，暗寓"五伦"之德，是中国古代传统的吉祥图案之一，寄托了古代人们对美好的理想社会中人伦关系的向往。之所以选这五种瑞禽，是因为它们不仅外形美丽，而且是因为它们内具各种美德。

图3-17　《文昌出行图》

凤凰，据晋代张华《禽经》："鸟之属三百六十，凤为之长，又飞则群鸟从，出则王政平，国有道。"故用凤凰表示君臣之道。

图 3-18 《芙蓉双鸭图》

图 3-19 《五伦图》

仙鹤，据《易经》："鸣鹤在阴，其子和之。"故用仙鹤表示父子之道。

鸳鸯，据晋代崔豹《古今注·鸟兽》："鸳鸯，水鸟，凫类也。雌雄未尝相离，人得其一，则一思而死，故曰匹鸟。"故用鸳鸯表示夫妇之道。

鹡鸰，据《诗经》："鹡鸰在原，兄弟急难。"故用鹡鸰表示兄弟长幼之道。

黄莺，据《诗经》："嘤其鸣矣，求其友声。"此处鸣声即黄莺啼叫，故用黄莺表示朋友之道。

此幅鲁绣五伦图全幅构图以四合如意云纹环绕的一朵盛开莲花为中心，周围布满枝藤蔓绕的缠枝牡丹，散缀灵芝，其间成双成对的瑞禽凤凰、仙鹤、鸳鸯、鹡鸰和黄莺展翅穿翔。构图繁复有序，疏密得宜。施用红、黄、蓝、绿、白、黑等十余种颜色的加捻双股丝线进行刺绣，色彩丰富，配色和谐，较好地表现了图案中花朵的艳丽及羽翼的多彩。

针法以套针为主，在花蕊和仙鹤头顶等处用打籽，牡丹叶片用齐针，叶脉用接针。绣线虽粗，但绣工匀细，针法灵活多样，生动地表现出羽翼和花瓣等物象的纹理层次，具有立体感和质感强烈的装饰效果。

此绣品的艺术及技法特色鲜明，其幅面巨大、片金线满绣铺底等技法，在鲁绣中极为稀见。整幅绣品构图华美大气，色彩丰富和谐，绣线浑朴苍劲，绣工精致流畅，纹样生动传神，粗犷豪放风格中又不失细腻典雅，拙中见秀，相得益彰，堪称鲁绣艺术杰出的精品之作。

※教学活动设计

寻衣分享会

衣服是有温度的，"慈母手中线，游子身上衣"。请同学们走进当地的博物馆或者去民间，找寻一件旧衣，无论它是旧时官宦人家的锦衣还是普通百姓人家的布衣，了解它的故事，记录它的历史，并给大家介绍、展示你所了解的这件衣服背后的故事和承载的记忆。

第二篇
服装典型企业文化

第四章　优秀服装品牌企业文化

第一节　爱马仕的品牌文化

一、发展历程

爱马仕（Hermès）是世界著名的奢侈品品牌，1837年由蒂埃利·爱马仕（Thierry Hermès）创立于法国巴黎，早年以制造高级马具起家，迄今已有180多年的悠久历史（图4-1）。

19世纪，在法国巴黎，大部分居民都饲养马匹。1837年，蒂埃利·爱马仕在繁华的Madeleine地区的Basse-du-Rempart街上开设了第一间马具专营店。他的马具工作坊为马车制作各种精致的配件，在当时巴黎城里最漂亮的四轮马车上，都可以看到爱马仕马具的踪影。爱马仕的匠人们就像艺术家一样对每件产品精雕细刻，留下了许多传世之作。1867年，在巴黎举行的万国博览会中，爱马仕便凭着精湛的工艺，赢得一级荣誉奖项。

图4-1　蒂埃利·爱马仕与爱马仕旗舰店

1880年，Charles-Emile Hermès（1831—1916）继承父业，将店铺搬至巴黎著名的福宝大道24号（24，Faubourg Saint-Honore），与总统府为邻。在儿子阿道夫（Adolphe）及埃米尔－莫里斯（Emile-Maurice）的协助下，爱马仕成功拓展欧洲、北美、俄罗斯、美洲及亚洲市场。第一次世界大战爆发，埃米尔－莫里斯被派往美国负责替法国骑兵部订购皮革，他深深领会到大量生产及各类交通科技的发展必会使旅行皮具制品的需求更加蓬勃。他更相信当时还未被欧洲人所认识的拉链将会大行其道，于是便将其引入法国，成为独家产品。

20世纪20年代，爱马仕企业由第三代继承人埃米尔－莫里斯·爱马仕执掌。爱马仕将产品拓展至手提袋、旅行袋、手套、皮带、珠宝、笔记本以及手表、烟灰缸、丝巾等产品。1920年为威尔士王子设计的拉链式高尔夫夹克衫，成为20世纪最早的皮革服装成功设计，成为当时轰动一时的新闻事件。爱马仕于1924年入驻美国。

1937年，原本为骑士上衣的丝织品启发了丝巾的创作灵感，爱马仕第一条名为"女士与巴士"的丝巾正式面世，适逢爱马仕100周年诞辰。

1951年起，爱马仕由埃米尔的女婿罗伯特·迪马（Robert Dumas）接掌，20世纪60年代起，爱马仕又陆续推出了香水、西装、鞋饰、瓷器等产品，成为横跨全方位生活的品位代表。罗伯特·迪马本人亦是出色的丝巾设计师，他对丝巾的浓厚兴趣，更为爱马仕成为一代丝巾大师奠下基础。

1978年，爱马仕家族第五代的让－路易·迪马（Jean-Louis Dumas）就任集团主席兼行政总裁，他开发了手表和桌饰系列等新商品，他将丝织品、皮革制品和时装等系列重新演绎，并利用先进的技巧结合传统的生产，赋予了爱马仕新的素材和气息。他在瑞士比尔成立了名为La Montre Hermès的制表分部，然后出产陶瓷、银器及水晶等。

20世纪70年代，一系列的爱马仕专卖店在欧洲、日本和美国各地开立。1976年，爱马仕成立控股公司，扩大并加强全球业务。

20世纪80年代，象征身份的服饰穿着之风卷土重来，爱马仕以出人意料之势迅速发展。爱马仕遍布世界各地的精品店成为名流云集的地方，如摩纳哥的凯利王妃、温莎公爵伉俪、影星小森美戴维斯、英格丽·褒曼等。1956年，当时的摩纳哥王妃，好莱坞著名女星格蕾丝·凯利（Grace Kelly）正身怀六甲，某次出席公共场合时，面对热情媒体的镜头，她不由自主地将片刻不离身的爱马仕凯利皮包挡在身前，以遮掩因怀孕而隆起的小腹。美国著名的《生活》杂志恰巧捕捉到这一难得的画面，并用作封面，一时之间，爱马仕凯利皮包之名不胫而走，这个镜头也成了历史性的画面，一度引起了世界的瞩目。

1987年，爱马仕庆祝成立150周年纪念。

1991年，爱马仕借"远方之旅"的主题向亚洲致敬。

1996年进入中国，在北京开了第一家爱马仕专卖店。

这个以马具制造起家的集团王国，在历经五代传承和百余年辉煌之后，至今仍旧保持着经典和高品质，并凭借其一贯秉持的传统精神，在奢侈品消费王国里屹立不倒。截至2014年，爱马仕旗下拥有箱包、丝巾、领带、男、女装和生活艺术品等17类产品系列以及新近开发的家具、室内装饰品及墙纸系列。2017年6月，《2017年BrandZ最具价值全球品牌100强》公布，爱马仕在全球排名第41位。

如今爱马仕集团总部仍坐落在巴黎著名的福宝大道，而它的精品则分布于世界30多个国家和地区的数百家专卖店里，辖下支部遍布法国、英国、德国、瑞士、意大利、西班牙、美国、加拿大、墨西哥、韩国、日本、中国、新加坡、泰国、马来西亚、印度尼西亚和澳大利亚。业务可归纳为四大范畴：爱马仕鞍具及皮革、爱马仕香水、爱马仕钟表及爱马仕餐瓷。

长久以来，爱马仕一直忠诚于其创立人制定的基本价值观。他们尊重过去，同样醉心于未来。对精致素材和简约表现的热衷，对传世手工技术的挚爱以及那种不断求新的活力，在爱马仕代代相传。

二、品牌文化

爱马仕品牌一直以精美的手工和贵族式的设计风格立足于经典服饰品牌的巅峰。目前爱马仕拥有14个系列产品，包括皮具、箱包、丝巾、男女服装系列、香水、手表等，大多数产品都是手工精心制作的，无怪乎有人称爱马仕的产品为思想深邃、品位高尚、内涵丰富、工艺精湛的艺术品。

这些爱马仕精品，通过其散布于世界30多个国家和地区的200多家专卖店，融进快节奏的现代生活中，让世人重返传统优雅的怀抱。

品牌内涵：爱马仕商标设计的灵感源自爱马仕第三代传人埃米尔－莫里斯·爱马仕收藏的一幅由阿尔弗雷德·多尔所画的作品《四轮马车与马童》。该画的画面为一辆双人座的四轮马车，由主人亲自驾驭，马童随侍在侧，而主人座却虚位待驾。其中的含义即为：爱马仕提供的虽然是一流的商品，但是如何显现出商品的特色，需要消费者自己的理解和驾驭（图4-2）。

图4-2 品牌标志及阿尔弗雷德·多尔的画

品牌理念：品位高尚、内涵丰富、工艺精湛、超凡卓越。

品牌宗旨：忠于传统手工艺，让所有的产品至精至美、无可挑剔，是爱马仕的一贯宗旨。

三、品牌风格

拥有180多年历史的爱马仕，世代相传，以其精湛的工艺技术和源源不断的想象力，成为当代最具艺术魅力的法国高档品牌。其工匠与艺术精神结合的独特风格，忠于传统手工艺，同时不断追求创新的企业精神使爱马仕成为法国式奢华消费品的典型代表。

爱马仕第三代继承人埃米尔－莫里斯·爱马仕对于艺术品十分热衷，拥有无数的私人收藏，并由后人陆续收集，使其更趋丰富。这些画作、书籍或艺术珍品保存在爱马仕博物馆，成为设计师选取灵感的对象，这座博物馆至今还是许多设计师朝圣的圣殿。艺术对爱马仕的产品设计产生了巨大的影响，使爱马仕的产品保持着法国人的浪漫与艺术格调。

爱马仕坚持严谨品质、对细节非常执着。爱马仕品牌所有的产品都选用最上乘的高级材料，注重工艺装饰，细节精巧。

以爱马仕丝巾为例，一条精美的爱马仕丝巾从确定主题到拿在顾客手中，整个制作过程需要近两年的时间。其制作工序非常严谨，必须经过七道工序严格把关：主题概念确定至图案定稿→图案刻画、颜色分析及造网→颜色组合→印刷着色→润饰加工→人手收边→品质检查与包装。从设计、配色、制版、着色、手工卷边等，每一步都极其考究。

一只爱马仕手袋的制作，全程都是由同一个工匠手工完成，因为其高标准，制作一只手袋会花费一周的时间，而整个工厂一个月也只能制作出15只手袋。爱马仕手袋整个制作流程的第一步是皮革切割，工作人员会认真检查每一份皮革，确保其没有任何瑕疵，而后为其上色，再根据设计师提供的模板进行切割。爱马仕手袋整个制作全由人工完成，缝制也不借助任何机器，纯粹手工制作。工匠在给手袋缝细小的线时，通常会借助双重放大镜。爱马仕手袋的制作还要经过捶打、拼接、抛光等流程，而每一个步骤，每一处细节，工匠们都会极其用心。只要求顶级的质量，不追求速度与数量，因此要定制一个爱马仕的"凯利包"，需要等上几年时间。正是由于爱马仕这种一丝不苟的工匠精神，才铸就了爱马仕这一高端品牌（图4-3）。

图 4-3　爱马仕系列产品

第二节　香奈儿的品牌文化

一、品牌内涵

香奈儿（Chanel）是一个法国奢侈品品牌，创始人是加布里埃·可可·香奈儿（原名是
Gabrielle Bonheur Chanel），该品牌于 1910 年在法国巴黎创立（图 4-4）。

该品牌产品种类繁多，有服装、珠宝饰品及其配件、化妆品、护肤品、香水等。该品牌的时装
设计有高雅、简洁、精美的风格，在 20 世纪 40 年代就成功地将"五花大绑"的女装推向简单、舒
适的设计（图 4-5）。

图 4-4　创始人可可·香奈儿　　　　　　　图 4-5　香奈儿经典款

二、品牌背景

香奈儿一生都没有结婚，她创造伟大的时尚帝国，同时追求自己想要的生活。其本身就是女性自主最佳典范，也是最懂得感情乐趣的新时代女性。她和英国贵族艾提安·巴勒松来往，对方资助她经营第一家女帽店，而另一位亚瑟·卡博尔则出资经营时尚店。她与西敏公爵一同出游，受到启发设计出第一款斜纹软呢面料套装。她生命中每一个男性都是激发创意的源泉，她不是单靠幸运，而是非常努力认真地工作，甚至一直到 70 多岁的高龄她还复出视事。香奈儿集团在 1983 年由卡尔·拉格斐出任时尚总监，但至今每一季新品仍以香奈儿精神为设计理念。

三、品牌历史

1. 起家

香奈儿女士是香奈儿品牌的创始人，即便是对这个国际奢侈品品牌有诸多了解的人，或许对香奈儿女士的知晓也并不多，但是作为一个真正的品牌内涵来说，受其创始人的影响是不可避免的。往往品牌创始人拥有何种性格以及态度，多数都会在自己的品牌上赋予一二。香奈儿生于 1883 年，是一对法国贫穷的未婚夫妇的第二个孩子。她的父亲是来自塞文山的杂货小贩，母亲是奥弗涅山区的牧家女。据说，香奈儿出生在法国索米尔；另一说法是生于法国南部山区奥弗涅。实际上，关于她身世的传说，历来众说纷纭，加之香奈儿至死竭力回避和掩饰，就更使她的出身蒙上一层迷雾。香奈儿的童年是不幸的。她 12 岁时母亲离世，父亲丢下她和 4 个兄弟姐妹。自此，她由她的姨妈抚养成人，儿时入读修女院学校（Convent School），并在那儿学得一手针线技巧。

在她 22 岁那年，即 1905 年，她当上"咖啡厅歌手"（Cafe singer），并起了艺名"Coco"，在不同的歌厅和咖啡厅卖唱维生。在这段歌女生涯中，香奈儿先后结交了两名老主顾，成为他们的情人知己，一名是英国工业家，另一名是富有的军官。结交达官贵人，令香奈儿有了经济能力开设自己的时装店。

2. 初创

1910 年，香奈儿在巴黎开设了一家女装帽店，凭着非凡的针线技巧，缝制出一顶又一顶款式简洁耐看的帽子。她的两名知己为她介绍了不少名流客人。当时女士们已厌倦了花巧的饰边，所以香奈儿简洁、舒适的帽子对她们来说犹如甘泉一般清凉。短短一年内，生意节节上升，香奈儿把她的女装帽店搬到气质更时尚的康明街区，至今这街区仍是香奈儿总部的根据地。做帽子绝不能满足香奈儿对时装事业的雄心，所以她进军高级定制服装的领域。

1914年，可可·香奈儿开设了两家时装店，影响后世深远的时装品牌"香奈儿"宣告正式诞生。

步入20世纪20年代，香奈儿设计了不少创新的款式，例如针织水手裙、黑色迷你裙、樽领套衣等。而且，香奈儿从男装上取得灵感，为女装添上了一点男人味道，一改当年女装过分艳丽的绮靡风尚。例如，将西装褛加入女装系列中，又推出女装裤子。不要忘记，在20年代女性只会穿裙子。香奈儿这一连串的创作为现代时装史带来重大革命。香奈儿对时装美学的独特见解和难得一见的才华，使她结交了不少诗人、画家和知识分子。她的朋友中就有抽象画派大师毕加索、法国诗人导演尚高克多等。一时风流儒雅，正是法国时装和艺术发展的黄金时期。1914年香奈儿开设了两家时装店，影响后世深远的时装品牌香奈儿宣告正式诞生。

3．发展

除了时装，香奈儿也在1921年推出Chanel No.5香水，女星妮可·基德曼作为代言人的No.5香水瓶子是一个甚具装饰艺术味道的玻璃瓶。Chanel No.5是史上第一瓶以设计师命名的香水。而"双C"标志也让这瓶香水成为香奈儿历史上最赚钱的产品，且在恒远的时光长廊上历久不衰，至今在香奈儿的官方网站依然是重点推介产品。

三四十年代，第二次世界大战爆发，香奈儿把她的时装店关掉，与相爱的纳粹军官避居瑞士。1954年，香奈儿重返法国，东山再起，以她一贯的简洁自然的女装风格，迅速再俘虏一众巴黎仕女。短厚呢大衣、喇叭裤等都是香奈儿战后时期的作品。香奈儿的设计一直保持简洁高贵风格，多用Tartan格子或北欧式几何印花，而且经常用上花呢造衣，舒适自然（图4-6）。

图4-6 香奈儿产品

1971年1月，香奈儿去世，享年88岁。香奈儿逝世后，1983年起由设计天才卡尔·拉格斐接班。这位有着瑞典和德国血统、总是戴着黑色大墨镜的鬼才设计师，最为人所称道之处正是他与香奈儿一样，充满才华却又流着离经叛道的血液。自1983年起，他一直担任香奈儿的总设计师，他在上任后的第一季就将长裙裙摆剪破，搭配鲜艳夸张的假珠宝首饰，震惊了整个时尚界，也将香奈儿声势在这20年内推向另一个高峰。卡尔·拉格斐有着自由、任意和轻松的设计心态，他总是不可思议地把两种对立的艺术品感统一在设计中，既奔放又端庄，既有法国人的浪漫、诙谐，又有德国式的严谨、精致。他没有不变的造型线和偏爱的色彩，但从他的设计中自始至终都能领会到"香奈儿"的纯正风范。

四、品牌风格

"香奈儿代表的是一种风格、一种历久弥新的独特风格"，香奈儿女士如此形容自己的设计。

独立自信的香奈儿女士将这股精神融入她的每一件设计中，使香奈儿成为具有个人风格的品牌。

香奈儿的设计带有鲜明的个人色彩，70 岁时她曾形容自己是"Auvergne 唯一一座不灭的活火山"。如今，放眼新人辈出品牌繁复的流行产业，香奈儿依然是时尚界一座永远不灭的活火山。香奈儿品牌走高端路线，时尚简约、简单舒适、纯正风范、婉约大方、青春靓丽。"流行稍纵即逝，风格永存"，依然是品牌背后的指导力量。香奈儿女士主导的香奈儿品牌最特别之处在于实用的华丽，"华丽的反面不是贫穷，而是庸俗"，香奈儿品牌提供了具有解放意义的自由和选择，将服装设计从男性观点为主转变成表现女性美感的自主舞台，将女性本质的需求转化为香奈儿品牌的内涵。

第三节　三宅一生的品牌文化

三宅一生（Issey Miyake），1938 年 4 月 22 日出生，日本著名服装设计师，他以极富工艺创新的服饰设计与展览而闻名于世。其后创建了自己的品牌，它根植于日本的民族观念、习俗和价值观，成为名震寰宇的世界优秀时装品牌设计师（图 4-7）。

图 4-7　三宅一生

一、设计师档案

1938 年 4 月 22 日，三宅一生出生于日本广岛市，他的母亲在 1945 年的原子弹爆炸中受伤，战后没过几年就去世了。他的童年时代，日本还是一个贫穷和满目疮痍的国家，美国占领期间给日本带来的西式时尚：玛丽莲·梦露、米老鼠、电视和速冻食品，都给儿时的他留下了深刻的印象，那时的日本人中，有很多人向往去美国和过美国式的生活。这在他的记忆中留下了一点以后东西合璧的风格轨迹。

1959 年开始，三宅一生在东京念大学，学的是绘画，但是他真正的梦想是成为一名时装设计师。1964 年，他从日本多摩美术大学设计系毕业。1965 年，他到了时装之都巴黎，看来是离他的理想不太远了。在巴黎的时候，他继续求学，并且开始为纪拉罗歇公司服务，1968 年和纪梵西一起工作，不久，他又为纽约的高夫莱·比恩工作，这位设计师是优雅派的大师。

1970 年他真正开始成立自己的工作室"三宅时装设计所"，并于 1971 年发布了他的第一次时装展示，发布会同时在纽约和东京举行，并获得了成功，他也从此步入了时装大师的设计生涯。

二、设计风格

三宅一生的时装一直以无结构模式进行设计，摆脱了西方传统的造型模式，而以深向的反思维进行创意。掰开、揉碎，再组合，形成惊人奇突的构造，同时又具有宽泛、雍容的内涵。这是一种基于东方制衣技术的创新模式，反映了日本式的关于自然和人生温和文流的哲学。

三宅一生品牌的作品看似无形，却疏而不散。正是这种玄奥的东方文化的抒发，赋予了作品以神奇魅力（图 4-8）。

三宅一生最大的成功之处就在于"创新"，巴黎装饰艺术博物馆馆长戴斯德兰呈斯称誉其为"我们这个时代中最伟大的服装创造家"。美国艺术家劳生伯格说："三宅是一位国际艺术家，是影响最大的日本艺术家。"他以独特的设计，将现代艺术的魅力注入时装。他的创新关键在于对整个西方设计思想的冲击与突破。欧洲服装设计的传统向来强调感官刺激，追求夸张的人体线条，丰胸束腰凸臀，不注重服装的功能性，而三宅一生则另辟蹊径，重新寻找时装生命力的源头，从东方服饰文化与哲学观中探求全新的服装功能、装饰与形式之美。并设计出了前所未有的新观念服装，即蔑视传统、舒畅飘逸、尊重穿着者的个性，使身体得到了最大自由的服装。他的独创性已远远超出了时代的和时装的界限，显示了他对时代不同凡响的理解。

图 4-8　三宅一生作品（一）

在造型上，他开创了服装设计上的解构主义设计风格。借鉴东方制衣技术以及包裹缠绕的立体裁剪技术，在结构上任意挥洒，信马由缰，释放出无拘无束的创造力激情，往往令观者为之瞠目惊叹；在服装材料的运用上，三宅一生也改变了高级时装及成衣一向平整光洁的定式，以各种各样的材料，如日本宣纸、白棉布、针织棉布、亚麻等，创造出各种肌理效果。将传统织物，应用了现代科技，结合他个人的哲学思想，创造出独特而不可思议的织料和服装，被称为"面料魔术师"。他是一位服装的冒险家，不断完善着自己前卫、大胆的设计形象。为此有人评价说，他无论是在造型上，还是服装材料的运用方面，都冠上了属于自己的标签（图 4-9）。

图 4-9　三宅一生作品（二）

三宅一生特别重视布料所传达的信息，布料的性质及特点是他创作的灵感来源之一。"一块布"（A Piece of Cloth），是三宅一生设计理念的根本。它起源于 20 世纪 70 年代那块名为"piece of cloth"，插入了袖子的棉纱亚麻布。三宅一生每在设计与制作之前，总是与布料寸步不离，把它裹在、披挂在自己身上，感觉它、理解它，他说："我总是闭上眼，等织物告诉我应去做什么。"

"一块布"有过很多不同的形式，但最为根本的特征便是没有服装自身结构，或包裹或捆绑，但都是贴合身体本身。

从"一块布"到一块带着褶皱的布。早在 80 年代初就推出的"一生褶皱"（Pleats Please）几乎成了三宅一生的象征。三宅一生对布料的处理与运用堪称一绝，他为了将布料塑造出一种"生命性"，特别运用"褶皱"的方式来加以处理，颠覆了传统西方的服装美学观点，开创了衣服的"皱"也能成为一件"完美而新"的服装风格（图 4-10）。

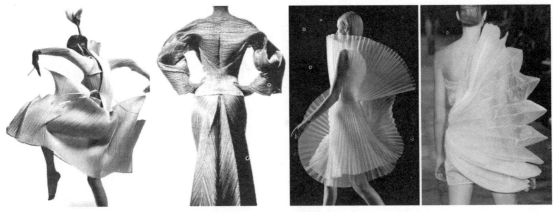

图 4-10　"一生褶皱"作品

三宅一生的品牌不仅在时装设计上始终保持着自己的一席之地，而且向香水行业进军并取得成功。1994 年，三宅一生推出其经典之作——"一生之水"（L'Eau D'Issey）。"一生之水"以其独特的瓶身设计而闻名，三棱柱的简约造型，简单却充满力度，玻璃瓶配以磨砂银盖，顶端一粒银色的圆珠如珍珠般迸射出润泽的光环，高贵而永恒。这款如泉水般清澈的香水是三宅一生创造力和独特风格的忠实反映。三棱柱的简约造型不仅折射出阳光穿过水的光影魅力，还折射出三宅一生对美、自由及生存的观点与真我的风采（图 4-11）。

三宅一生认为人们需要的是随时都可以穿的、便于旅行的、好保管的、轻松舒适的服装，而不是整天要保养、常送干洗店的"难伺候的"服装。三宅一生设计的褶皱面料可以随意一卷，捆绑成一团，不用干洗熨烫，要穿的时候打开，依然是平整如新。这个思想的来源看似渺小，却是三宅一生对生活的思考。

三宅一生巧妙地将艺术与科学相互融合渗透，使他不断在新时代中创造出新的服装艺术形式和审美境界。

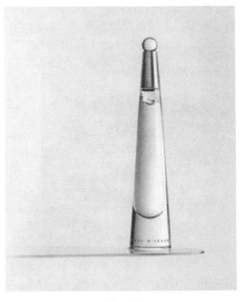

图 4-11　"一生之水"作品

第四节　东北虎的品牌文化

一、品牌理念

东北虎（NE·TIGER）品牌由张志峰先生创立于 1992 年，目前是中国顶级奢侈品品牌的象征，不仅奠定了中国皮草第一品牌的至尊地位，而且创造了中国高级定制礼服、高级定制婚礼服和高级华服的领先优势。东北虎高级成衣系列的设计理念，兼具古典与现代艺术之精髓，举重若轻地将繁华重工融入实用性和可穿性，为东方美学与现代时尚的结合做了一次充满前瞻性的探索，打造出高级定制领域新的里程碑（图4-12）。

作为"华服"文化的守护者和传承者，东北虎致力于中华传统服饰的传承、创新，不遗余力地发掘和发扬中国传统文化，以礼乐文明为核心，以精湛的中华技艺复兴华服。东北虎遵循的是"返本开新"的品牌精神，让品牌和设计在一次次的文化回溯与创新中永葆生机。

图4-12　东北虎作品

二、发展历程

东北虎品牌创始人张志峰先生于1982年开始创业，品牌早期以皮草的设计和生产为起源，迅速奠定了在中国皮草行业中的领军地位。在近20年发展历史中，品牌更相继推出了晚礼服、中国式婚礼服和婚纱等系列产品，并开创性地推出高级定制华服。

1992年东北虎品牌正式创立，不仅引领了当时中国皮衣的流行，并迅速发展成为中国顶级时尚奢侈品品牌，弥补了中国本土奢侈品品牌的缺失。

1997年东北虎迅速占领奢侈品皮草的产业链高端，并成为中国第一皮草品牌。

1998年东北虎皮草旗舰店的经营面积扩大至1 200多平方米，成为亚洲规模最大的皮草专卖店。同年，在哈尔滨冰球馆举行有7 000人规模的"东北虎皮草之夜98/99皮草流行趋势发布会"，有众多明星参加。

1999年在大连的"千禧"发布会第一次把中国的皮草发布推向全球。同年，东北虎皮草在"大连国际服装节"举办了声势浩大的皮草服装发布会，名扬国际，并且获得了"双十佳品牌"荣誉称号。

2000年东北虎皮草进驻北京，并在北京赛特大厦设立了国内首家皮草俱乐部。东北虎皮草有限公司获得中国唯一的皮草行业中国消费者协会"诚信单位"荣誉称号。

2001年推出"虎啸京华"东北虎皮草之夜/2001年中国国际时装周颁奖典礼，并倡导将传统的业内时装发布会发展成为面向媒体和市场的发布会，引领了中国时装周发布会格局的转变。同年成功推出自有高端品牌——"东北虎"，并正式将总部设立在北京。

2002年推出中国国际时装周开幕式暨"花开四季"东北虎皮草之夜。同年，发布东北虎皮草2002/2003国际皮草流行趋势。

2003年推出"名媛"高级晚礼服系列——中国第一个高级定制晚礼服系列，开创了中国晚礼服元年。同年，品牌发布了《中国皮草行业白皮书》，填补中国皮草行业的空白。

2004年东北虎推出"丝绸之路"国际服装服饰节——东北虎高级晚装裘皮发布会，以及中国国际时装周首场发布会，暨"豹"2004—2005秋冬流行趋势发布会。

2005年东北虎以"爱"为名，推出了品牌的第一个高级婚礼服系列，并率先在国内倡导将婚礼服作为爱的永恒纪念，其"要拥有，要珍藏，要传承"的理念，掀起了一场婚礼服革命。

2006年东北虎提出了"中国奢侈品复兴与新兴宣言"，并推出了中国第一个高级定制中式婚礼服"凤"系列，结束了中国没有自主品牌高级定制婚礼服的历史。

2007年推出代表了华夏民族精神的国服——"锦绣国色华夏礼服"高级定制华服系列。受邀同步参加在上海举办的世界级的英国和荷兰的两个奢侈品展会。为丹麦王妃定制华服并举办了"丹麦王子与东北虎中国之约"活动。

2008年推出"国色天香华服大典"高级华服系列，在保留"寸锦寸金"的云锦、四大名绣等手工绝艺之外，使几近失传的具有四千余年历史的"织中之圣"——缂丝在发布会上熠熠生辉，重获新生，实现了对中华民族传统工艺的又一次深层挖掘和传承。

2009年推出"蝶扇·缘"2010高级定制华服系列，又创新推出结绳绝艺。在结绳的材质上，东北虎不惜耗费巨大人力物力，培育出自明清时已名满天下、专供织造皇帝御服的珍品辑里湖丝。发布会上首次推出华服男装，实现了品牌史上又一次开创。同年，东北虎携手中国流行色协会发布2010/2011年流行色趋势。

2010年由东北虎创制、织造绝技堪称国宝级巅峰巨制的《鸾凤双栖牡丹》缂丝华服，得到首都博物馆永久的珍藏。同年10月，东北虎推出了"天干·地支"高级定制华服发布会，并首次将有近5000年历史的羌绣艺术运用到现代华服之上。

2011年1月，由东北虎主办，中国文化书院、三智道商文化书院协办的"返本开新——中华文明与中国华服"论坛在京举办。汤一介、乐黛云、王尧、余敦康、王守常、钱逊、王志远这七位在国学及文化方面有着深厚造诣的导师们，从儒释道，以及中国传统文化方面对"中国华服"的渊源及历史传承进行了梳理，提出了"华服"未来发展以及中国奢侈品文明的复兴和新兴之路——"返本开新"。

2012年3月8日，东北虎携手全国妇联和中国丝绸博物馆，在首都北京，为全世界女性感恩呈现"华装风姿 感谢有您"时尚华服秀。同时，东北虎还特意精选了八件经典珍藏版华服（金鳞蛟龙、花开富贵、喜上眉梢、凤衣传奇、青黛雕镂、花开并蒂、断桥残雪、唐境春华），参加由中国丝绸博物馆在中国妇女儿童博物馆举办的"华装风姿·中国百年旗袍展"。

东北虎始终秉承"贯通古今，融汇中西"的设计理念，致力于对华夏文明本身的深度挖掘与传承。东北虎华服的设计可以高度概括为五大特征：以"礼"为魂，以"锦"为材，以"绣"为工，以"国色"为体，以"华服"为标志。自2012年以来，东北虎连续推出高级定制华服发布会，如2012年"唐·境"、2013年"华·宋"、2014年"大·元"、2015年"明·礼"、2016年"清·旗袍"、2017年"华美之囍"、2018年"一路"。其融入缂丝、织锦、印金、刺绣等中国传统工艺的华服设计展示了服饰所承载的中国传统美学和文化内涵。

三、作品解析

东北虎2014年"大·元"高级定制华服萃取元朝气势磅礴的服饰文化，结合简约、强调立体廓型的国际流行趋势，将中式元素与西服、燕尾廓型完美融合，充分展示出中国高级定制的独特魅力。东北虎从元曲、元青花、元图腾等艺术中汲取创作灵感，使得华夏艺术瑰宝与西方时尚设计相容共生。"大·元"高级定制华服的色彩以清淡雅致的蓝、白为基调，辅以重拾文明记忆的五大国色，将元朝特有的刚健秀逸、包容并蓄之美发挥得淋漓尽致。面料以"寸锦寸金"的珍贵云锦及缂丝为材，更创新结合丝绒、皮草、蕾丝。工艺上，首次运用视觉效果立体逼真的丝带绣，针法精湛华彩绚丽，在同一款华服上使用刺绣和剪纸、印染、珠绣等传统技艺，精巧的盘扣和苏州盘金绣相得益彰、流金溢彩，彰显了东北虎对守护和传承中国传统手工艺的坚定与执着（图4-13）。

图4-13 "大·元"高级定制华服

第五章 优秀服装智造企业文化

第一节 服装智造企业典型案例分析

山东如意科技集团（以下简称为如意集团）（图5-1）其前身为始建于1972年的山东济宁毛纺织厂，是全球知名的创新型技术纺织企业，拥有国家级企业技术中心和博士后工作站，获得了数百项专利技术和创新成果，被中国纺织工业协会列为毛纺行业国家级新产品开发基地。继2002年"赛络菲尔纺纱技术及系列产品"获国家科技进步二等奖后，历时七年研究的"高效短流程嵌入式复合纺纱技术——如意纺"，荣获国家科技进步一等奖，是全球服装奢侈品品牌的主要供应商之一。

图5-1 如意集团企业标志

旗下拥有20个全资和控股子公司，职工3万人，2012年营业收入突破300亿元，进出口总额突破10亿美元。该集团位列中国企业500强的374名，中国100大跨国公司跨国指数前十强，综合竞争力居中国纺织服装500强前五位，出口创汇居行业第二位，主营业务收入居行业前十位。

公司涉及毛条制造、毛精纺、服装、棉织纺、棉印染、针织、化学纤维、牛仔布、家纺、房地产等产业，目前拥有全球规模最大的毛纺服装产业链和棉纺印染产业链。"如意"商标是中国驰名商标，产品先后获"中国名牌"以及商务部"重点培育和发展的出口名牌"等称号。该企业是国内首家获得世界第一视觉博览会——法国PV展会参展资格的企业，为中国纺织面料企业赢得了全球纺织面料流行趋势发布权。企业通过技术创新，坚持高端产品定位，提高自身核心竞争力，成为国内少数几家可与欧美、日本等高档面料相抗衡的企业（图5-2）。

图5-2 山东如意科技集团发展历程

　　2013 年 11 月 25 日，习近平总书记来到山东如意科技集团参观访问，集团董事长邱亚夫向习近平总书记汇报了如意集团的发展历程。习近平总书记对如意集团依靠科技创出多个知名纺织服装品牌，拓展国际市场成绩显著，予以肯定。习近平总书记指出，企业是创新主体，掌握了一流技术，传统产业也可以变为朝阳产业。要深入实施以质取胜和市场多元化战略，支持有条件的企业全球布局产业链，加快形成出口竞争新优势，提高抵御风险能力。习近平总书记希望如意集团再接再厉，使如意的品牌享誉世界。

第二节　如意集团企业文化

　　如意集团注重企业文化，"人际亲和"理论是公司的核心理念。这种理念源于儒学经典，强调尊重人，重视人际的亲和，重视道德的感召力和民心作用。公司承袭博大精深的儒学文化，试图以民族素养孕育民族产业，以民族精神塑造民族品牌。期望把民族文化与域外风情有机融合。

一、如意集团企业文化内涵解析

　　企业精神——德载品质，竞显卓越。
　　核心理念——从严求实，至诚至善。
　　经营理念——科技领先，精品战略。
　　核心竞争力——不断变革，持续创新。
　　发展理念——强抓机遇，乘势而上。
　　企业作风——无私奉献，追求卓越。
　　企业口号——尽如人意，无愧我心。
　　管理理念——创新每一天，危机每一天；自我管理，自我改进，自我发展。
　　市场理念——世界视野；市场无限大；最大的敌人是我们自己，最大的市场在我们内部。
　　产品理念——站在市场最前沿，抢占科技制高点。
　　人才理念——只有无用的管理，没有无用的人才，人尽其才，才尽其用。
　　形象观——人的形象：诚信刻苦，精干敬业。
　　事的形象：高效创新，规范圆满。
　　物的形象：新颖、雅致、完美、品位。

二、如意集团企业文化的核心竞争力

　　纺织行业是现今公认的"夕阳产业"，但如意集团秉承"不断变革，持续创新"的核心竞争力，打造出世界上最为完整的毛纺服装产业链和棉纺印染产业链，成为全球瞩目的创新性技术纺织集团。如此骄人成绩是如意集团长期以来坚持不断变革，持续创新的结果。

　　（1）毛纺服装产业链。当初，如意集团从面料的织造到整染再到服装的环节中，没有羊毛原料，生产受制于人。2005 年，如意集团在澳大利亚购买 15 000 亩①牧场，发展养殖，并在 2012 年研发生产出全球最细的羊毛。而后，如意集团又先后收购了澳大利亚和新西兰的牧场养殖基地，最终

---

　　① 1 亩 =666.6667 平方米。

实现了企业羊毛服装产业原料的自给自足，打造出从羊毛基地到织造的整条垂直产业链。

（2）棉纺印染产业链。2004年，如意集团进军棉纺织行业，2005年收购重庆海康纺织有限公司，建立重庆三峡紧密纺生产基地，2010年收购140万亩澳大利亚卡比棉田，进一步解决了技术和生产原料的问题，锻造了从棉纺基地到棉纺再到制品的垂直产业链。在此基础上，2014年，如意集团与喀什达成投资协议，利用南疆生产长绒棉的优势，打造涉及棉花、纺纱、面料、服装的垂直产业链模式。同时，2014年，如意集团在宁夏生态纺织产业示范园总投资175亿元的如意科技时尚产业园项目，汇集了全球最先进技术，购置了国内最先进的全流程智能化、数字化、全自动纺纱生产线，力争打造集纺纱、机织、针织、服装为一体的垂直产业链模式。

多年来，如意集团通过不断增加研发投入，提高研发水平，现已拥有多项自主知识产权的原创技术，先后通过了ISO 9001、ISO 14001和CSC 9000T等标准认证，开发了科技含量和附加值"双高"产品，市场需求旺盛。依托强大的核心技术以及自主创新优势，开发了精纺呢绒1 000多个品种，近万种花色，多项产品达到国际领先水平，屡次荣获"中国流行面料"的称号。

2002年，如意集团赛罗菲儿纺纱技术及其产品荣获国家科技进步二等奖。2009年，如意集团获得法国第一视角面料展参赛资格，成为国内首家获得全球面料流行趋势发布权的纺织面料企业。同年，新型纺纱技术"如意纺"荣获国家科技进步一等奖，这也是我国纺织服装企业首次获此殊荣。

如意集团在技术以及商业上的成功与其企业文化的核心竞争力——不断创新息息相关。多年来，如意集团坚持走科技创新之路，为企业持续地提升技术水平和升级产品结构提供了动力（图5-3）。

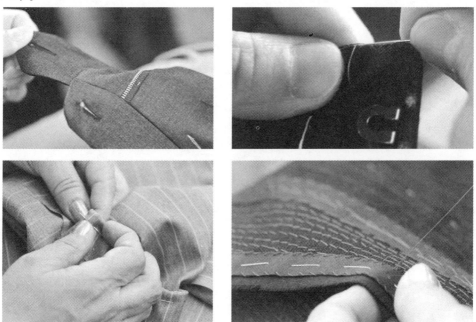

图5-3 如意量体定制工艺

第六章　优秀服装零售企业文化

第一节　服装零售企业典型案例分析

优衣库是亚洲最大的服饰零售连锁商日本迅销株式会社旗下品牌，其特点是摒弃不必要装潢装饰的优衣库仓储型店铺，采用超市型的自助购物方式，以合理可信的价格提供顾客希望的商品（图6-1）。

图 6-1　优衣库店铺

"UNIQLO"代表着独一无二的服装仓库，优衣库的服装造型极为简单，大多是些基础款，因为优衣库所推崇的穿衣理念就是"衣服是配角，穿衣的人才是主角"，以"低价良品、品质保证"作为优衣库经营理念。

一、面料方面

优衣库每年秋冬都会推出新款的抓绒外套，并尝到了面料带来的甜头。因此，优衣库在面料的使用和研发上不断创新，比如内蒙古的一个羊毛牧场专门饲养给优衣库提供面料的羊，以及轻薄的 Heattech 系列保暖内衣均是优衣库对优质面料不断追求的产物。

二、服务方面

优衣库要求营业员对身边经过的所有顾客打招呼的规定是别的品牌所不能比的。店内的"欢迎光临""喜欢的话可以试试哦""谢谢光临"等服务用语总是不绝于耳，不过在中国这种"顾客就是上帝"谦卑服务文化的移植是不成功的，至少表现得十分僵硬。一方面是由于中日文化的差异冲突导致，另一方面体现了优衣库中国化的适应调整方向。

三、细节方面

优衣库店铺的细节被要求做到极致，所有衣服叠放的方式都十分讲究，比如顾客很容易就能看到裤腿宽窄的叠法。灯光和镜子的配合效果和 ZARA、H&M 等品牌的效果也是完全不一样的。考虑到黄种人的脸部轮廓相比欧洲人的较平，因此，在照镜子的时候灯光从前面或者后面斜照下来更适合于黄种人。同时灯光的选择也恰到好处，不刺眼，光线柔和（图6-2）。

图 6-2　优衣库店铺内服装陈列风格

四、工艺方面

优衣库的衬衣工艺中，胸前口袋的缝纫针迹呈倒三角形完全是西服的工艺要求，这个细节都被要求到了，还有什么理由质疑优衣库的工艺。

第二节　优衣库企业文化内涵解析

一、日本特色

虽然同是日本品牌，但是优衣库和无印良品存在着显著差异，可以说后者是典型的日式传统，如常态的家庭文化、生活文化，在中国消费者看来属于小众小资品位；而前者则凸显的是战后日本在欧美影响下基于自身传统文化激发的先锋潮流元素，如动漫文化（UT 系列）、游戏文化、娱乐偶像文化、高科技文化（Heattech 系列）等。总的看来，"顾客就是上帝"始终是第一原则，优衣库在服务上延续了传统的亲和柔美、细致周到的特色，商品上主推欧美化新兴和风，具体服务时员工将自己视作企业的一分子，各个方面都做到让顾客感到安全和舒适，追求日式企业"精神平静"带来的满足。

二、中国风味

虽然同属东方文化，但中国、日本在特定文化表现上仍然存在一定差异。优衣库一方面要把握高语境环境和集体主义文化，在情感交流的含蓄共同点上努力适应中国市场，理解双方在性别社会分工、企业组织文化等方面的差异；另一方面要着重引入自身品牌理念，主导消费潮流趋势，对中国潜在市场进行文化改造。

三、全球化视角

优衣库从原料供给和研发、生产制造、市场开拓、定位调整都将自己的文化理念与全球的市场环境、消费需求导向相贴合，博采众长，融合美国的休闲、科技、质量、个性，欧洲的质感、格调，借之以中国的生产加工实力、潜在消费力，构成了一个进出平衡的良性循环链条（图6-3）。

图6-3 优衣库服装风格

※教学活动设计

服装品牌策划

分小组，每组策划一个服装品牌，进行市场调研，确定品牌风格、品牌理念、品牌故事。

第三篇
服装大师

第七章　中外服装大师

第一节　品牌之核——克里斯汀·迪奥

　　克里斯汀·迪奥（Christian Dior），1905 年出生于法国诺曼底（Normandy）的海岸边的格兰维尔（Grantville）小镇。1919 年移居巴黎，高中毕业后，屈从父母的意志，进入了巴黎政治学院深造。但同时他也得到了来自父母的妥协，可以继续在业余时间学习自己感兴趣的艺术类课程。在这期间，他遇到了一群与自己志趣相投的朋友，这些人以后在各自的领域里都成了知名的佼佼者，如达达主义艺术大师萨尔瓦多·达利（Salvador Dali）、抽象派大师巴勃罗·毕加索（Pablo Picasso）、绘画大师克里斯汀·贝拉尔（Christian Bérard）等。受到他们的熏陶，迪奥于 1928 年开了一家画廊，展出20 世纪现代艺术大师的作品。后因经济萧条，合伙人破产，他的画廊被迫关闭。为维持生计，他于 1935 年在朋友的裁缝店内为顾客制作服装样板，而正是这一份不起眼的工作成了他以后辉煌生涯的起点，他与生俱来的艺术天分得到了淋漓的发挥。在画纸样时，他一眼就能看出衣服穿在人身上的感觉，而他的艺术才华也在这时逐渐显现。很快，他被一家公司聘为裁缝师。在第二次世界大战中参战，退伍后返回巴黎，又在鲁西安·露浓（Lucien Lelong）的店里工作。迪奥凭借自己的努力和天分从一个初级学徒升为二级裁缝师。1946 年在当时的纺织业巨头马塞尔·布萨克（Marcel Boussac）的资助下创建了"Dior高级时装店"。此后十多年中，他在高级女装设计方面获得了极辉煌的成就，成为誉满全球的顶级时装设计大师（图 7-1）。

图 7-1　克里斯汀·迪奥

一、"新风貌"——时装界的"第二次世界大战"

　　1947 年，第二次世界大战刚刚结束，彼时的巴黎，百废待兴，昔日的绚丽如同老照片般早已褪去颜色。即便是以优雅著称的巴黎女人，在当时也多是穿着带有明显军装风格的套装：僵硬如同方块般的肩部线条，几乎看不出腰线，裙子长度虽未过膝，但这仅仅是因为当时布料紧缺，鞋子的款式也非常笨重。昔日优雅精致的女人们而今都行色匆匆地穿梭于色调灰暗的巴黎大街，战争的阴霾久挥不去。

　　正是在这样的背景下，克里斯汀·迪奥的首个高级定制系列颠覆了整个巴黎，在整个时尚圈刮起一阵风暴。

　　那一年的 2 月 12 日，巴黎蒙田大道 30 号的展厅及楼梯上坐满了社会名流与时尚杂志主编，他们对于此次时装发布会都充满好奇，期待着这个刚刚成立的高级时装品牌能为战后的时尚界带来一抹亮色（图 7-2）。

图 7-2　克里斯汀·迪奥首个时装发布会上的观众

时装秀上，脚踩细高跟缓缓而来的模特们肩线柔美，腰肢纤细如藤蔓，裙裾宽大如花瓣，巴黎女人优雅的气质得以重现，在场的女性不仅在震惊中屏息凝神，而且都为自己身上的夹克衫和短裙感到沮丧不安，一种必须开始新生活的紧迫感牢牢地抓住了她们的欲求，时尚界最严苛与挑剔的眼睛中都绽放出了光芒。震惊有余的美国《时尚芭莎》主编卡梅尔斯诺当场高呼："亲爱的迪奥，您的长裙带来了新风貌（New Look）！"这一消息由一名路透社记者从窗口扔下的纸片传出，自此，迪奥新风貌蜚声世界（图 7-3）。

图 7-3　克里斯汀·迪奥首个时装发布会

　　早年间学习建筑的迪奥先生曾说，他希望"建造"出这样的长裙，让每一个穿上它的女士，都犹如"花样仕女"。"新风貌"的肩线窄而柔美，为了突出胸部的丰满，细腰成为剪裁的重点，第二次世界大战时期的直裙化作蓬起的长裙，与地面距离以 30 cm 为标准，并且以圆形帽子、长手套、肤色丝袜与细高跟鞋搭配，营造出极其纤细柔美的女性气质。一套衣裙竟要用掉 70 m 布料！这对于在战争期间已习惯了"限量配给"的人们而言简直就是出奇的奢华。当"新风貌"传到美国时，迪奥先生成为仅次于戴高乐将军的法国名人。他不仅设计了一条新裙子，还设计了一个生活新机遇，一个和平时期才能有的悠然华美的姿态（图 7-4）。

图 7-4　克里斯汀·迪奥的"新风貌"时装

二、Bar Jacket——"新风貌"的风标

迪奥先生的"新风貌"中,最具代表性的当属 Bar Jacket(Bar 套装),这一套装在时尚摄影师威利·梅沃德(Willy Maywald)的镜头下获得永生:乳白色山东绸圆形燕尾束腰上衣紧紧贴合上身曲线,黑色皱褶短裙的敞口随步伐摇摆,优雅风姿前所未见。套装完美搭配一顶简单桀骜的圆顶宽边帽,手戴长手套,精致皮鞋线条纤细,大师杰作层层拨开,宛如雏菊花瓣片片滑落,不仅展现了一种风格,而且体现一个人严谨而快乐的精神风貌(图 7-5)。

图 7-5 克里斯汀·迪奥的 Bar Jacket

三、迪奥"新风貌"全新演绎

"新风貌"革命诞生于迪奥首个时装发布会 60 多年后,其精神仍是迪奥永不枯竭的灵感之源。它洋溢在历任设计师的传承中,也蕴含在现任设计师拉夫·西蒙的精神里。每一季,传奇的"Bar"套装神秘曲线被重新演绎,或变为夹克衫,或平添更多燕尾,或采用羊毛牛仔布,或装饰男士面料印花图案。作为迪奥最经典的元素,"新风貌"几乎会出现在每年的迪奥高级定制秀场上。"新风貌"是一场永不止步的革命(图 7-6)。

迪奥一生的经典作品不胜枚举,因其不断创新的服装廓型而改变了时装的进程。迪奥还是第一个注册商标确立"品牌"概念的设计师,他把法国高级时装业从传统家庭式作业引向现代企业化的操作模式。他以品牌为模式,以法国式的高雅和品位为准则,坚持华贵、优质的品牌路线,运作着一个庞大的商业王国。

典雅、细致、充满艺术性和创造性是克里斯汀·迪奥这一国际知名品牌一直坚持的品牌内涵。作为克里斯汀·迪奥的继任者,伊夫·圣·洛朗、詹弗兰科·费雷等一代又一代的天才设计师和优秀管理者秉承迪奥先生细腻、优雅和富于创造力的精神,为迪奥这一品牌不断注入新鲜血液,将这一传奇永远延续下去。

1997高级定制系列

2007高级定制系列

2008高级定制系列

2011高级定制系列

图 7-6　克里斯汀·迪奥的高级定制作品

第二节　传统之魂——马可

　　马可出生于 1971 年，吉林长春人，无用设计工作室创建人。1992 年毕业于苏州丝绸工学院工艺美术系。曾获"兄弟杯"冠军，中国十佳服装设计师之一（图 7-7）。拥有自己的独立服装名牌"无用"。

　　崇尚"一生只做一件事情"的马可目前经营着"中国首个原创品牌社会企业"——"无用"（图 7-8），2006 年马可在珠海创立"无用工作室"，2006 年，工作室正式注册为"珠海无用文化创意有限公司"。"无用"成立以来，一直致力于传统民间手工艺的保护传承与创新。

　　"无用"的创建要追溯到 1994 年，马可参加第二届"兄弟杯"国际青年服装设计师大赛，当时年仅 23 岁的她夺得金奖。

图 7-7　设计师马可　　　　　　　　　　　图 7-8　"无用"作品

　　在查找资料时，马可看到一本介绍兵马俑的画册，顿时被深深震撼住了。从兵马俑的那些造型，她感受到一种特别博大的大国气质——浑厚、质朴。兵马俑激发了马可的创作灵感。两个月的时间，她在湖南农村，用苎麻夏布、蜡绳、棕叶等材料，亲自手缝和踩缝纫机，一点点完成《秦俑》，连染色都靠一己之力。《秦俑》的成功，给予马可最初的动力，也埋下了意味深长的伏笔。

　　她的追求是让服装回到它原本的朴素魅力中，让人们被过分刺激的感官恢复对细枝末节的敏感。今天的时代中，真正的时尚不再是潮流推动的空洞漂亮的包装，而应该是回归平凡中再见到的非凡。

　　2013 年，对 42 岁的马可来说，无疑又是人生的一个巅峰。这年 3 月，中国国家主席习近平上任以来首次对俄罗斯进行国事访问，夫人彭丽媛身着中国本土服装品牌亮相，成为全世界的关注焦点。

　　在马可看来，无论是为彭丽媛做专人定制的衣服，还是在珠海、贵州与传统匠人为伴研习传统工艺，都只是为了达成一个"21 世纪设计师的责任"。她正在以"衣食住行"这些最古老和最必需的事物为载体，呼唤世人关注真正属于中华民族的传统文化。

　　在马可看来，想要还原传统文化的本怀，就需要颠覆习惯性的思维。而做"无用"，就像是拿她最擅长的"衣服"，做一场帮助人们恢复对祖先的记忆的实验，去尝试重新唤起中国人的传统价值观。

之所以起名为"无用"，马可这样说道："所有人都在追求有用，做个有用的人，做个有用的物件，买个有用的东西，是否有用甚至已成为我们做事的前提。但眼前的有用和未来的价值往往不同，我想做些眼前未必有用但以后会有价值的事，我想把人们眼中无用的东西变得有用，我想人们不再以是否有用作为取舍的原则。我喜欢无用，才能赋予它新的价值。价值从不在物件本身，而在使用的人。"

"在大量工业化衣服出产的今天，马可却坚持去做手工衣服，此时马可的'无用'，已经超出了传统意义上服装的定义，开始直接承载了精神价值，而这时的我不得不认同，无用的衣服其实是非常有价值的。"贾樟柯曾经在接受媒体采访时这样评价马可的"无用"。

"我想通过'无用'的手作，提醒大家重返人性中最本质的东西，去寻找生活中的感动，去体味周边的温暖，去关注爱、责任、奉献、道德、良知这些本该在我们生活中被经常提及的东西，去挖掘无论科技与经济发展到何种程度，我们内心深处最为深切渴望的永恒不变的东西……"马可希望"无用"能够达成"衣以载道"，能够影响、带动周边人重燃对中国传统文化的再学习、再认知。

第三节　设计之美——山本耀司

作为 20 世纪 80 年代闯入巴黎时装舞台的先锋派人物之一的设计师，山本耀司（图 7-9）与三宅一生、川久保玲一起，把西方式的建筑风格设计与日本服饰传统结合起来，使服装不仅是躯体的覆盖物，而且成为着装者、身体与设计师精神意念这三者交流的纽带。

山本耀司曾经在法国学习过时装设计，但他并未被西方同化。西方的着装观念往往是用紧身的衣裙来体现女性优美的曲线，山本耀司则以和服为基础，借以层叠、悬垂、包缠等手段形成一种非固定结构的着装概念（图 7-10）。

山本耀司喜欢从传统日本服饰中吸取美的灵感，通过色彩与材质的丰富组合来传达时尚的理念。西方多在人体模型上进

图 7-9　山本耀司

行从上至下的立体裁剪，山本耀司则是以直线出发，形成一种非对称的外观造型，这种别致的意念是日本传统服饰文化中的精髓，因为这些不规则的形式一点也不矫揉造作，却显得自然流畅。在山本耀司的服饰中，不对称的领型与下摆等屡见不鲜，而该品牌的服装穿在身上后也会跟随体态动作呈现出不同的风貌。

山本耀司并未追随西方时尚潮流，而是大胆发展日本传统服饰文化的精华，形成一种反时尚风格。这种与西方主流背道而驰的新着装理念，不但在时装界站稳了脚跟，还反过来影响了西方的设计师。美的概念外延被扩展开来，材质肌理之美战胜了统治时装界多年的装饰之美。其中，山本耀司把麻织物与粘胶面料运用得出神入化，形成了别具一格的沉稳与褶裥的效果。擅长于新面料的使用也是众多日本设计师共同的特点。

山本耀司品牌的服装以黑色居多，这是沿袭了日本文化的风格。山本耀司尤其以男装见长，并以黑色居多，其 Y&y 品牌线的男便装利于自由组合，并配以中价策略，赢得了极大成功（图 7-11）。

图 7-10　山本耀司设计的女装作品

图 7-11　山本耀司设计的男装作品

　　对于西方人来说，始终与西方主流时尚背道而驰的山本耀司是个谜，是个集东方的细致沉稳和西方的浪漫热烈于一身的谜。而他的时装正是以无国界的手法，把这个谜的谜底展示在公众的面前：模特转身的刹那，你会发现他的衣裙无论背面或正面都是一样的漂亮。这就是高级时装工艺在高级成衣中的应用，每个细节都同样的精彩，无懈可击。

　　对于他的服装，人们喜欢引用他自己的一句话来加以解释："还有什么比穿戴得规规矩矩更让人厌烦？"这句话也被放在他的服装标牌上，完全精准表达了其服装设计的品牌精神。在他之前，欧洲时装界只流行线条硬朗的衣裳，而他用层层叠叠、披披搭搭的陪衬方式来处理轻逸的布料，使衣服看起来自然流畅，所以山本耀司的飘逸衣风实有如当头棒喝震撼了整个欧洲时装界。从20世纪开始，让亚洲人的美学意境在全盘西化的现代设计里产生奇迹，这就是山本耀司的本领。

　　山本耀司说"我做衣服从不追随潮流，所以它们永不过时。""真正的创作，是要用你的手、你的心、你的灵魂，表达你所真实感受到的。"作为一个设计师，你的触感必须非常敏锐，你的感受也必须是真实的。你要去感受世界，才能够感受人的存在，这样才能够真正为"人"去创作。

第四节　板型之规——褚宏生

褚宏生，1918 年出生于苏州吴江，上海旗袍著名制作大师，国家级非物质文化遗产龙凤旗袍制作技艺第二代传承人（图 7-12）。

1934 年，年仅 16 岁的褚宏生被父母送到上海"朱顺兴裁缝店"跟着当时在上海滩极负盛名的裁缝大师朱汉章学手艺。

一件旗袍，要量衣长、袖长、前腰、后腰等 20 多个尺寸。制作一个小小的盘扣，就要三个小时。就连如今看似朴素的裙摆滚边，在传统的技法里也要滚上三四道，极尽繁复。裁缝店 40 多名学徒中，从盘扣、缝边、开滚条斜边、熨烫，到为客人量身、设计、选定款式与试样，褚宏生是最用心的一个。在其他学徒都休息的时候，褚宏生仍旧在琢磨手法技巧。为了帮助裁缝店应对竞争，他还把常用的旗袍盘扣拓展到了 12 种，并随着季节、月份和面料而变化，令朱汉章也刮目相看。凭借着勤奋与耐性，年轻的褚宏生在学徒中脱颖而出，也更加受到师父的器重。在其他学徒纷纷学成出师的时候，朱汉章却仍安排褚宏生反复练习手工和"量体"。大量的练习令褚宏生愈加明白，"量体"是与人沟通的环节，也是做好一件旗袍的先决条件。凭借无数次量体的经验，不论顾客高矮胖瘦，只要经他的审视，便马上能够得出精准的尺寸。

令褚宏生记忆最深刻的，还是年少时为影星胡蝶定制的蕾丝旗袍。1936 年，学徒仅两年的褚宏生破例获准能够为胡蝶定制一款旗袍。进行量体后，褚宏生决定大胆创新，选用法国蕾丝替代原有的传统面料。尽管遭到了师父的反对，但是褚宏生仍坚持完成了创作。就这样，这款由法国蕾丝制成的中国旗袍在胡蝶的演绎下更加惊艳，不仅令胡蝶本人大加赞赏，也让褚宏生在业界一举成名。2015 年，这身为胡蝶特别定制的蕾丝旗袍还在纽约大都会博物馆慈善舞会上展出，完成了它的"世纪之行"（图 7-13）。

图 7-12　褚宏生

图 7-13　褚为胡蝶定制的旗袍

胡蝶之后，各界政要、社会名流和明星都曾邀请褚宏生为其定制旗袍。从宋氏三姐妹到京剧大师程砚秋，从名媛陈香梅到明星孟庭苇、巩俐、张曼玉，80余年的裁缝生涯，经褚宏生缝制的旗袍不下5 000件。"他的旗袍像皮肤一样。"孟庭苇回忆。

老先生一生都在专注于做手工定制旗袍，时至今日都还在亲自为客人量体，被称为"上海滩旗袍史的活字典"。

有一次巩俐特意安排自己的助理过来找褚宏生做旗袍，可她又不能亲自来，助理只拿出一张巩俐穿旗袍的照片，他要褚师傅光靠目测给巩俐做衣服。在获取了相关资料数据以后，再结合巩俐本人的气质和材料偏好，褚宏生硬是做出了一件让巩俐感到非常合身的定制旗袍。

2015年4月11日，一组充满东方韵味的旗袍亮相上海时装周（图7-14）。

图7-14　褚宏生的旗袍高级定制秀

98岁的褚宏生在外滩22号举办自己第一个旗袍高级定制秀，这场"中国式"诱惑，是褚宏生80余年来用针脚谱写的花样年华。褚宏生说："我就是个做旗袍的，我不辛苦、不忐忑、不亏欠我的这么多年，这就是我最好的人生状态。"

第五节　工艺之道——马丁·格林菲尔德

马丁·格林菲尔德（Martin Greenfield），犹太人，高级西装设计师，手工裁缝大师，1928年8月9日出生于捷克斯洛伐克一个名叫帕夫洛夫的小村庄（现属斯洛伐克），1944年被抓进奥斯维辛集中营。1945年集中营解放，1947年马丁·格林菲尔德来到了美国，在一个服装厂里打杂。后买下工厂创立自己同名的高级西装定制品牌，被称为美国最伟大的男装裁缝（图7-15）。

在美国纽约布鲁克林区，有一个高级手工裁缝世家，代代都是从事西装定制的生意，是美国顶级的高级定制男装品牌。或许你不知道它，但是在纽约老一辈的买西装或是懂西装的人都会听过马丁·格林菲尔德家族。马丁·格林菲尔德老爷子从事这一行业已70年，他从不模仿别人，只做自己设计的西装。

图7-15　马丁·格林菲尔德

可是，就是这样的一个天才裁缝，在他十多岁时差点就被打死。

1944 年，当时还只有 15 岁的马丁·格林菲尔德和家人生活在捷克斯洛伐克的喀尔巴阡山区。4 月的一天，纳粹突然到来，把马丁·格林菲尔德一家全部抓进了臭名昭著的奥斯维辛集中营（图 7-16、图 7-17）。

图 7-16　马丁与他的家人

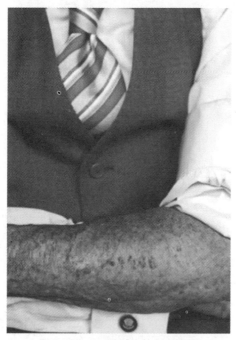

图 7-17　马丁胳膊上的刺青编号

在奥斯维辛集中营度过了第一夜之后，第二天，纳粹朝着排列整齐的人群喊："谁是裁缝？"父亲知道只要给纳粹党做事就能保命，为了保住家里唯一的男丁，便立即举起了马丁·格林菲尔德的手。于是 15 岁的马丁·格林菲尔德被安排到了洗衣房工作，从那之后，马丁·格林菲尔德再也没有见过他的家人。

马丁·格林菲尔德的胳膊上至今还有当初在奥斯维辛被印上的刺青编号"A4406"的痕迹，"A"代表奥斯维辛。"4406"是马丁·格林菲尔德当时的编号。

1945 年 4 月，当时还是上将的艾森豪威尔带领美国军队攻入集中营，解放了所有的俘虏，离开集中营时，马丁·格林菲尔德 还不知道自己的家人已经全部被纳粹杀害。战争结束之后，他在欧洲游走了两年，四处打探家人的下落，然而一切都是徒劳……

1947 年，孤身一人的马丁·格林菲尔德登上邮轮，前往美国投靠远房亲戚。

在一位犹太难民同胞的介绍下，马丁·格林菲尔德进入了纽约一家名为 GGG 的制衣工厂，做起了打杂的小工。凭着对男装的独特理解和谦虚踏实的干劲，马丁·格林菲尔德的职位一路晋升。从缝纫工，到主任助理、主任，再到能独当一面的总监……30 年后，他买下这家工厂，自己当上了老板。

时至今日，马丁·格林菲尔德家族的高级定制西装已经遍布全球，甚至在影视剧里也经常能看到明星们穿着它的身影，例如《了不起的盖茨比》和《华尔街之狼》里莱昂纳多的西装，又或者是《黑色弥撒》里约翰尼·德普的西装（图 7-18）。

图 7-18　马丁·格林菲尔德家族的高级定制西装

在为这些具有年代感的影视剧设计服装时，马丁·格林菲尔德有着得天独厚的优势。

马丁·格林菲尔德说过"我做西装这么多年，从没有人觉得过时，时尚总是变来变去，我的风格是永恒的。"

第八章　工匠精神

第一节　工匠精神内涵

　　工匠精神是指工匠对自己的产品精雕细琢、精益求精的精神理念。工匠们喜欢不断雕琢自己的产品，不断改善自己的工艺，享受着产品在双手中升华的过程。工匠们对细节有很高的要求，追求完美和极致，对精品有着执着的坚持和追求，把品质从 99% 提高到 99.99%，其利虽微，却长久造福于世。

　　这个世界上最杰出的工匠代表就是瑞士制表匠们。19 世纪末起，"日内瓦印记"标识被制表匠们一致奉为瑞士制表最高准则，沿袭至今。他们只是想提高瑞士制表的知名度还是提升入行标准呢？其实，都不是，他们更多的是希望制表匠们的技艺能够传承下去，传授手艺的同时，也传递了耐心、专注、坚持的精神，这是一切手工匠人所必须具备的特质。这种特质的培养，只能依赖于人与人的情感交流和行为感染，这是现代大工业的组织制度与操作流程无法承载的（图 8-1）。

图 8-1　传统手工艺人

　　工匠精神的内涵有以下内容：

　　（1）精益求精。注重细节，追求完美和极致，不惜花费时间精力，孜孜不倦，反复改进产品，把品质从 99% 提高到 99.99%。

（2）严谨，一丝不苟。不投机取巧，必须确保每个部件的质量，对产品采取严格的检测标准，不达要求绝不轻易交货。

（3）耐心，专注，坚持。不断提升产品质量和服务质量，因为真正的工匠在专业领域上绝对不会停止追求进步，无论是使用的材料、设计还是生产流程，都在不断完善。

（4）变革，创新。工匠精神不仅体现在对产品精心打造、精工制作的追求上，更体现在不断吸收前沿技术、创造新成果上。工匠精神的目标是打造本行业最优质的产品，其他同行无法匹敌的卓越产品。

工匠精神就是对产品锲而不舍地追求极致。工匠精神意味着一丝不苟地确保质量，持续不断地完善工艺设计、生产流程。工匠精神不仅仅是工匠这一职业所具备的素质，它更是要求企业如同一个工匠一样，琢磨自己的产品，精益求精，追求科技创新，技术进步，经得起市场的考验和推敲。

国际顶级大牌香奈儿首席鞋匠："一切手工技艺，皆由口传心授。"这才是确保香奈儿成长为世界顶级大牌最坚实的后盾，这个也可能是香奈儿永葆品质的核心机密所在。香奈儿高级定制中不论是花呢斜纹套装还是手缝包又或者是时装鞋，它们制作完成的最关键的一步一定是由有着几十年经验的老工艺师亲力亲为并严格把关，于是香奈儿的产品就被这些老工匠们赋予了超越产品本身的非凡意义。

三宅一生对布料的要求近乎苛刻，让布料商甚至自己亲自进行上百次的加工和改进实在是司空见惯。因而他设计的布料总是出人意料、独特而不可思议，被称为"面料魔术师"。三宅一生每在设计与制作之前，总是与布料寸步不离，把它裹在、披挂在自己身上，感觉它、理解它，他说："我总是闭上眼，等织物告诉我应去做什么。"

克里斯汀·迪奥、三宅一生、马可、褚宏生等服装大师们用一生去秉持心中对于工艺之道的匠人精神，苛刻自己对于每一步手艺的精细，敬畏每一块布料每一件设计，为自己所热爱的事业不顾一切的奉献精神，正是值得我们学习的工匠精神（图8-2、图8-3）。

图 8-2　传统手工艺人（一）

图 8-3　传统手工艺人（二）

中国这些年一直没有特别有影响力的品牌走向世界，实质上是缺乏"工匠精神"的内核。当今中国很多服装企业心浮气躁，追求"少、短、快"（投资少、周期短、见效快）带来的即时利益，从而忽略了产品的品质灵魂。因此，中国的服装企业更需要工匠精神，才能在长期的竞争中获得成功。当其他企业热衷于"圈钱、做死某款产品、再出新品、再圈钱"的循环时，坚持"工匠精神"的企业，依靠信念、信仰，追求产品不断改进、不断完善，通过高标准要求历练之后，最终打造出众多用户交口称赞的工艺精品。

如今，我们进入后工业时代，一些与现代生活不相适应的老手艺、老工匠逐渐淡出了日常生活，但传统手艺人对物品精雕细琢的精神永不过时。中国服装设计师马可创立"无用"的目的旨在致力于传统民间手工艺的传承与创新，她认为"一个物件是不是有生命力，不是物件本身决定的，而是创作它的人决定的。很多人做东西，用的是大脑和思维。但我做一样东西，一定要用'心'。用脑制造的是死物件，'用心'是投入情感。一个投入情感的东西，完成之后，生命就诞生了——是你把它孕育出来的。在后来，它可能会有它的命运，会跟某人一起，一直陪伴着那个人。但你之前投入的用心，赋予的生命，会随时间延展。这样的物是有灵性的。它不是静止的生命状态，会成长。""创造一件东西，这是上帝才会做的事情。如果你不负责任地把它做出来，这个原本可以有'物命'的事物，因为你的不用心，就成为没有生命的一件物品（图8-4）。"

图8-4　"无用"的手工艺人在绕纱

第二节　服装人的职业素养

作为服装人更应该坚守"工匠精神"，培养良好的职业素养是打造"工匠精神"的第一步。在服装行业，岗位职业素养是职场中需要遵守的行为规范，包括必备的专业技能、敬业精神和道德修养，具体体现在以下几方面。

一、服装打板师的职业素养

国际上许多著名品牌的顶级大师，他们不仅有敏锐的感觉、非凡的原创力，同时还具备一流的裁缝手艺。想要成为一名称职的打板师必须具备以下七方面的知识结构与职业素养：

（1）结构知识。打板师首先必须具备有关服装结构设计的理论知识与实践技能，掌握服装结构设计的基本原理、变化规律和应用技巧，深刻理解各种结构类型和结构风格，能根据结构设计对象的要求熟练使用比例、原型、立体等各种结构设计手段。

（2）美学修养。美学修养特别是形式美学知识对任何从事造型设计的人来说是必不可少的前提知识。服装结构中的点、线、面的处理需要凭借打板师的美学修养，一方面，对流行的把握也不光是款式设计师的事情，作为打板师也必须关心流行，感悟变化，不断调整结构形态与尺寸配置；另一方面，打板师应当从绘画雕塑、音乐舞蹈等相关艺术门类中经常不断地汲取养分，提高自身的"眼光"，只有"眼高"才能"手高"。

（3）服装人体。打板师应当深刻理解服装是给人穿的，服装结构设计的基本依据是人体。因此，打板师必须透彻地掌握人体的基本特征、人体各部位的基本参数、人体变化规律、不同性别不同年龄的体型差异、人体运动的规律及因运动引起的各部位参数变化规律、衣片结构与人体的关系、衣片结构与服装机能性的关系等。

（4）服装材料。结构设计既要遵循材料的客观性，又要利用与超越材料的客观性。款式设计上任何大胆的设想、新奇的构思都必须受到服装工艺技术规律的检验，都必须符合现阶段驾驭材料的总体水平，只有这样才有可能成功实现设计的物化。所以，结构设计比起款式设计受着更多的制约，打板师必须戴着物质规定性这一镣铐，在有限的自由中去争取创造活动的广阔天地。

由于人体与材料的复杂性，客观要求衣片的各个缝合部位都必须依据内外径分析进行差异匹配设计，所以结构设计并不简单。因为人体所有部位都是由曲面组成的，而衣片本身是平面的，要使平面的衣片与曲面的或者说是立体的人体相符，就必须采用服装造型特有的工艺手段——归拔手段。所谓归拔是指利用服装材料的伸缩性能，对缝边进行拉伸或缩短，使衣片局部由平面状态转为立体状态，从而达到服装立体造型的目的。这就要求打板师具备丰富的材料知识与经验。

（5）服装设备。随着科技进步，服装设备的发展日新月异。在服装工业生产中的服装结构设计，特别是工业纸型设计离不开工艺设备的前提条件。服装CAD的广泛应用，也向打板师提出了掌握计算机应用的知识、技能的新要求。

（6）服装工艺。作为结构设计工作成果的衣片样板是裁剪、缝制工艺的规定性图纸，生产部门将按此施工。缝份的大小、对位记号、里衬配置等都与缝制工艺密切相关。毫无疑问图纸的质量会直接影响生产质量与生产效率，因此，打板师必须非常熟悉工艺流程与工艺要求。

（7）责任心与严谨的工作作风。打板师通常在服装企业技术部工作，技术部是企业的技术中枢，而打板师的工作性质与任务又决定他处于中枢中的核心。服装样板设计是一项极为艰苦细致的工作，要求打板师既要具备艺术工作者的气质，感觉敏锐，富有创新精神，又要具备技术工作者严谨细致、一丝不苟的工作作风，坚忍不拔的实践探索精神，具有强烈的工作责任心，能以自己的工作质量确保产品设计质量。由于结构设计工作在企业中所处的承上启下的特殊地位和其工作结果对产品质量的总体决定性、不可逆转性的特殊性质，因此，有必要特别强调打板师责任心与严谨的工作作风，责任心不强、工作作风不严谨的人是无法胜任服装结构设计工作的。

以上所说有关从事服装结构设计所需的资质与素养，既是服装行业对打板师提出的客观要求，也是有志于从事服装结构设计的人实现自我提高与发展所不可或缺的。

二、服装设计师的职业素养

1．绘画基础与造型能力

绘画基础与造型能力是服装设计师的基本技能之一。如果不能很好地用绘画方式表达设计意念的话，那将为自己的创作带来很大的困难。

2．丰富的想象力

独创性和想象力是服装设计师的翅膀，没有丰富想象力的设计师技能再好也只能称为工匠或裁缝，而不能称之为真正的设计师。设计的本质是创造，设计本身就包含了创新、独特之意。自然界中的花鸟树木、人们身边的装饰器物、丰富的民族和民俗题材，音乐、舞蹈、文学甚至现代的生活方式都可以给人们很好的启迪和设计灵感。千百年来，服装的历史长河中正是前人丰富的想象力和独创的精神给人们留下了丰厚的宝贵财富。

3．对款式、色彩和面料的掌握

服装的款式、色彩和面料是服装设计的三大基本要素。服装的款式是指服装的外部轮廓造型和部件细节造型，是设计变化的基础。外部轮廓造型由服装的长度和纬度构成，包括腰线、衣裙长度、肩部宽窄、下摆松度等要素。服装的外部轮廓造型形成了服装的线条，并直接决定了款式的流行与否。部件细节的造型是指领型、袖型、口袋、裁剪结构甚至衣褶、拉链、扣子的设计。

4．对结构设计、裁剪和缝制的理解

对结构设计、裁剪技术的学习，也是服装设计师必须掌握的基础知识。结构设计是款式设计的

一部分，服装的各种造型其实就是通过裁剪和尺寸本身的变化来完成的。如果不懂面料、结构和裁剪，设计只能是"纸上谈兵"。只会画图、不懂打板的设计师肯定不是一个完美、成熟的设计师。不懂纸样和结构变化，设计就会不合理、不成熟，甚至无法实现。

5．对服装设计理论及历史的了解

服装设计的初级阶段是对一些基础技法和技能的掌握，而成功的服装设计师更重要的是应具备设计的头脑和敏锐的创作思维，只掌握基础技能、能画漂亮的效果图是远远不够的。了解和掌握中外艺术史、设计史、服装史和服饰美学等理论知识以及设计大师们的设计风格和艺术表现，能开阔设计思维、拓宽设计思路，启发设计灵感。

6．了解市场营销学与消费心理学

服装设计师最终要在市场中体现其价值。只有真正了解市场、了解消费者的购买心理，掌握市场流行趋势，并将设计与工艺构成完美的结合，配合适当的行销途径，将服装通过销售转化为商品被消费者接受，真正体现其价值，才算成功完成了服装设计的全部过程。

7．计算机运用能力

随着计算机技术在设计领域的不断渗透，计算机已经成为服装设计师手中最有效、最快捷的设计工具，特别是在一些较正规的服装企业中对服装设计 CAD、服装设计 CAM 等设计、打板、推板软件的运用十分普及，绣花纹样、印花纹样等也是靠计算机来完成。

8．观察力和敬业精神

由于在服装设计教育中，过多地强调基础技能和技法训练，学生往往对市场意识淡薄，缺乏明晰的思路、敏锐的观察力以及整体的思维能力，毕业后经常不能很快适应设计师的工作。

作为一名服装设计师，对服装具有敏锐的观察力是非常重要的。这不仅需要技术上的创意，而且还需要用理性的思维，去分析市场，找准定位，有计划地操作、有目的地推广品牌。所以，如何做出你的品牌风格，使目标消费者穿得时尚；如何吸引你的顾客，扩大市场占有率，提高品牌的品位，增加设计含量，获得更大附加值，创造品牌效应，是服装设计师应具备的基本素质与技能。

第三节　服装专业大学生职业素养培养

人才素养是制约一个企业发展的关键因素，在对服装专业毕业生和用人企业的调查中得知，企业在招聘人才的时候，已不仅仅关注学生的技术能力，更看重学生的各方面素质水平。据相关工作人员介绍：素养是一个学生的软件，而技术是一个学生的硬件，硬件可以通过培训、练习等方式，短时间得到迅速提高，适应企业相关岗位需求；而素质不能通过简单传授得到发展，而是需要一个长期的培养过程才能提高。

为了适应当今企业发展及就业市场激烈竞争的需要，高职院校必须更加重视学生职业素养的全面发展。但学生职业素养的提升是一项长期的任务，其提升过程是循序渐进的，在重视服装专业知识教育的同时须加强人文素质教育；重视除职业技能之外的潜在的、隐性的职业素养培养。

一、制订针对职业素养培养的教学计划

在紧密结合本专业特色和要求的基础上，制订适合本专业的职业素养培养教学计划。同时，在教学中实施"双教学计划"，一方面针对专业能力培养，另一方面针对道德修养培养，并使二者有机结合。第一学年职业素养能力培养突出"职业兴趣"和"职业道德"。通过校友讲座、企业参观、企业人员讲座、主题演讲等，提高学生对职业的认同感。第二学年职业素养突出职业能力的培养。

通过"职业生涯教育""校内实训""校外顶岗心得交流""课外实践""社会实践"等课程与形式，提高学生的职业通用能力，提高学生在岗位特殊要求下所需要的专业知识和专业技能，从而提高学生的持续就业能力。

二、改革课堂教学模式，将职业素养融进课堂

良好的职业习惯和工作作风，首先是在学校里通过接受课堂教学逐步养成的。教师课堂教学的职业素质、人格魅力对学生的成长十分关键，因此，课堂教学中要改变灌输式教学模式，尤其是职业素养养成，需要教师以身作则潜移默化地去引导。

安全卫生意识是服装公司比较敏感的问题。服装行业接触到的材料基本都是易燃品，所以要强化安全意识。教师首先要养成好习惯，才能引导学生。比如教师上课注意工作台卫生；零碎布料不随地乱扔；随手关熨斗，人离开岗位注意关机车电源等。这些看似普通的习惯，事实上对学生素养的养成会有很大的帮助。职业素养融进课堂，需要教师先做到提高自己的职业素养意识，这样才能更有说服力地引导学生提高自己的职业素养。

三、营造良好的职业氛围，增强校企合作

培养学生良好的职业素养，仅仅依靠课堂是不够的，还体现在第二课堂活动、参与社会活动以及校园文化建设等方面。激发学生的职业意识和职业情感，如可以通过举办服装专业的技能大赛、模特大赛等锻炼学生的职业技能、心理素质、应变能力；通过参加顶岗实习、社会服务等社会实践活动激发学生的职业意识和职业自豪感。另外，学校可以增设服装工作室，加强与企业的合作以及与市场的对接，加强实践教学和实训环节，将学生的课堂学习与参加实际工作结合在一起。

职业素养是服装专业学生职业生涯成败的关键因素，为了培养和提高其职业素养，必须要在优化课程设置、改革教学模式、营造良好的职业氛围、组建社团和工作室等方面进行大胆的改革，如此才能有效地提升学生的就业能力。

※教学活动设计：阅读、聆听、观看

1. 阅读马可的这篇文章，谈一谈作为一名服装设计师应具备的责任。

我对服装设计师身份的认识

马可

从90年代初我大学毕业到2000年初的十年工作经历中，我了解到一个事实——这个世界根本不缺乏能够设计出时尚的、优雅的、性感的、漂亮的时装的设计师，但却非常缺乏服装设计师。在我的字典里，时装和服装两个词的含义有天壤之别。事实上，在世界各大都市的高档购物商场或名店街到处都是各型各色的漂亮衣裙，这些变化莫测的时装把我们的都市生活装扮得绚丽多彩，充分满足了人们各种各样的欲望，并几乎让我们相信：你可以买到你能想到的一切。

随着年龄与阅历渐长，艺术的吸引力对我有增无减。艺术世界在我眼前展开的动人心魄的精神图景带给我丰厚的精神食粮和与隔世知音相遇的幸福感，我的旅行越发深入偏远的与城市迥异的乡野，这些就越带给我对生命价值更深层次的思考和探索。我不满足于服装在生活中的实用性、装饰性及形式上的各种花巧变化，更不可能把获得名誉与利益作为支撑我的工作目标，我渴望服装之于我如同油彩之于画家，石头之于雕塑家一样，拥有作为一种单纯的个人创作语言的独特表达，让人们不停留于对其表面形态的观赏，而走向内心世界最深处的交流与思考。我对于人的心灵生活和灵魂世界具有天生的强烈的探究愿望，通过那些深深感动我的手造

之物，我深信最伟大、最高尚的创作动机应该是出于"关心人"，对"人"本身的终极关怀——关心人的情感，关心人的精神世界。这种关心包含了爱，但比爱更为广阔，更无条件。我认为好的艺术应该能够探究人们的情感与精神世界里最深刻、最强烈的那些部分，只有这样的作品才能成为历史的记忆，把那些曾经存在于人类生命中的珍贵情感和价值永远地保留下来，帮助人们了解我们是谁。

我不满足于一般表象世界对于服装仅仅出于视觉上的赏心悦目或一般人出于实际功能性的购买，我深信服装作为一种独特的创作语言，具备观念传播、精神交流的无限可能性，甚至能够引发深思继而改变行为。我追求的精神价值和目前的流行时尚完全相反，事实上，恰好是人类历史所经历的那些质朴时代深深吸引着我，那时的人们怀着对大自然深深的敬畏和对事物最初始的认识，过着一种最为本质的简朴生活。那些来源于生活而非出于名家大师名下的质朴之作具有强烈的时间穿透力，横跨了千百年撞击着现在的心灵。这就是我的追求，让服装回到它原本的朴素魅力中，让人们被过分刺激的感官恢复对细枝末节的敏感。今天的时代中真正的时尚不再是潮流推动的空洞漂亮的包装，而应该是回归平凡中再见到的非凡，我相信真正的奢华不在其价格，而应在其代表的精神。

我们目前处于一个怎样的时代背景下呢？人类在经历了数千年的农耕文明后于18世纪末期进入了席卷全球的工业时代，这200年来人类的生活巨变甚至超过了过往历史的总和，人类的物质生活得到了极大的丰富，但商业的空前繁荣使人们滋生的各种欲望却越发难以满足。这是一个贫富分化十分严重，战争不断的难以安宁的世界。而到了21世纪的开端，全球人类更不得不同时面对过去200年工业疾速发展中的短视与激进带来的严峻的环境问题，网络的普及让这个地球变得越来越小，难以负荷人类不断膨胀的欲望和索需无度。全球经济令人类在过去漫长的几千年里孕育的多样性的文化差异被迅速地同化，传统技艺变成只能退缩到博物馆的玻璃柜里的东西，却在我们的生活中销声匿迹，我正在经历巨变的祖国更有很多为了轻装上阵地追赶未来而抛弃传统的令人心痛的事情发生。

面对一个这样的世界，设计师无法继续以往以追求经济发展，最大效率为原则的工业时代的身份，爱因斯坦曾说"要渡过危机，无法依赖造成此危机的思考方式。"在21世纪，设计师不应该再是一味只为展示自我个性，创造短时间的流行的消费促进者，我们所面对的危机不再是区域性、国家性的范畴，环境问题只是作为问题的表象存在，而更深层次却反映出人性的弱点带给这个世界的灾难——我们无法逃避的人类过往的短视、自私、贪婪、狭隘所积累的后果。环境问题带来的唯一的正面价值就是：这是历史上首次需要全人类共同去面对、去解决的问题，在这个危机面前，人人有责，人人平等，无一例外，这危机让全世界的人们深切地意识到：我们是一体的，无论是发达国家还是发展中国家，无论贫穷还是富裕，无论大都市还是小乡村，我们彼此互相依存，不能取代。我们生活环境的创造者——设计师们，不能再关上设计室的门沉溺于最新的音乐里自我陶醉地发奢华之梦了，如果你亲眼看见过一个真实的世界，就会对这个时代真正需要设计师承担的责任有了全新的认识。个性时代已将要结束，共生共荣的共性时代即将开始，这一半出于人类的生存之必需，另一半出于人性的不断超越之必需。

我对设计师的责任做出以下归纳：

（1）生态责任（对于未来的责任）。设计师有责任考虑其设计的产品在制作的整个过程里对地球生态造成的负面影响，拒绝做单纯追求商业利益而破坏环境的产品，而且尽可能有节制地使用自然资源，一旦采用则从一开始设计便要考虑产品的长期使用及循环利用，而不是做短命产品和一次性产品。

（2）道德责任（对于现在的责任）。设计师的敏感度和创造力不仅反映在专业的把握上，更应该体现在对社会先知与良知的角色承担上。设计师必须是一个有态度的人而非一味投顾客所好的工匠，设计师出于个人的立场不应无条件地满足顾客的要求。设计师有责任不做过度的设计，仅恰如其分地表达，不过分地刺激人们的感官欲望而企图引发更多的盲目消费，以期更大的商业利益。设计师在社会上承担社会良知的角色，首要必备的素质是：诚实正直，不为利益名誉出卖灵魂。

（3）文化传承责任（对于过去的责任）。人们生活在一个充满着前人的智慧和创造的世界上，这些文化的积淀使人们受益匪浅，我们有责任对这些财富加以保护、传承和发展，留给未来的人类，而不是在人们的时代中断。最好的传承不应仅仅在博物馆，而应该是贯穿于我们的生活中，在现实生活中通过创造力令这些传统焕发新的生命力。

综上所述，我对服装和设计师的身份的认识来自我对世界和生命价值不断的思考和探索，并成为我创作的巨大而持久的动力，我深信正是这些对生命意义与精神价值的追求令我变得不再平庸。创作对于我是一条漫长的修行之路，踏踏实实地持续走在这条路上永远比达到某一目标更重要，我愿意在这种主动选择的创造最为本质、最为简朴的生活中追求最为奢侈富足的精神世界。

2. 观看视频《了不起的匠人》，了解匠人精神及其背后的故事，感悟匠人匠心。

《了不起的匠人》讲述了 15 位极具匠心的匠人们的手艺人生。这 15 位匠人来自中国、日本等亚洲地区，以他们各自巧夺天工的技艺和无与伦比的器物，展现了当地的历史、文化风情，以及他们对自己的手艺的热情和专注。

推荐视频：

第一季

一根牛毛的时尚之旅

一位美国女孩益西德成用她十年的青春在高原深居简出，带领藏民用古法编织牦牛绒围巾。她从美国到中国，从纽约到青藏高原上的村庄，十年坚守，把村民手做的围巾带到了巴黎，让牦牛绒围巾成为奢侈品。

唐卡世家新势力

唐卡也叫唐嘎，唐卡是藏文音译，它是绘画或刺绣在布、绸或纸上的彩色卷轴画，是富有藏族文化特色的一个画种。年轻的唐卡大师旦增平措利用网络直播来传授唐卡画法、普及唐卡知识，让更多的人能够了解和喜爱唐卡。

团扇狂人的碎碎念

团扇匠人——李晶花了 3 年的时间，遍访了苏州仅剩的传统手艺人，并带着这些人还原了老祖先的"工"，传承了旧时文化的"艺"，让沉寂千年的缂丝团扇从过去穿越到了现代社会。

上海滩的百岁老裁缝

旗袍匠人褚宏生（图 8-5），上海滩最后的旗袍裁缝。从民国美人的衣香鬓影，到纽约大都会的 T 台都有他设计制作的旗袍的身影。见过了悲欢，见过了繁华，风尚去又回，不变的是他对手艺的追求。

图 8-5　旗袍匠人褚宏生

第二季

穿越两千年的蜀锦密码

贺斌用30年时间记录并掌握全套蜀锦织造工艺，迎着蜀锦传承的重重难关，按部就班却不拘泥于传统，保留蜀锦传统东方美的同时，结合现代的审美，创造了属于这个时代的蜀锦，让本就不应该陌生的蜀锦再次回归世人的视野。

香港仔的汉服梦

香港"80"后钟毅决心续起300年前断裂的汉族传统服饰一脉，他曾经身体力行每天穿汉服，但反响平平，他开始反思，提出汉服正装的理念，从系统研究考证古汉服纹样开始，到设计、创立品牌，汉服从此在现代社会里再次鲜活起来（图8-6）。

图8-6 钟毅

3．聆听歌曲《无涯》。

《无涯》是"台湾民谣教父"胡德夫为纪录片《了不起的匠人》第二季演唱的片尾曲。《无涯》也是台湾已故音乐人、《橄榄树》作者李泰祥的遗作，从创作到发表，横跨30多年。

词：高信疆 / 胡德夫

曲：李泰祥

演唱：胡德夫

胡德夫在追溯这首歌的创作过程《匠心·无涯》这篇文章中对匠人精神做了最好的诠释："所谓匠人，就是于方寸之间斤斤计较，而同时也给自己留了一扇窗口的人。"

"对于一位匠人来说，心灵的专注是尤为重要的。他们把自己锁在一个地方，流连于指尖上的技艺，心无旁骛地追寻着自己内心的方向。他们把全部的热情与精力集中于方寸之间，外界的纷扰无法打破这专注而闭锁的空间。然而匠人们又为自己的心灵开了一扇窗，太阳会照进来，风会吹进来，那里有匠人们最伟大的愿景，当他们把技艺与成就做到极致之后，一定要将这些技艺传承下去，而需要与之一同传承的，还有他们的精神与责任心。"

"匠人虽然常在一个狭小的空间里度过最寂寞的时光，但他们的胸怀却不止于手边的精耕细作。他们的内心是那样柔软，他们也会悲天悯人，他们想尽一切办法去找寻人们已经失去的美。匠人常常赋予自己一种责任感，将自己的手艺与这个社会上更多的东西一起传承下去。"

第四篇
服装、着装与美

第九章 服装与美

服装美形式上包含三大要素：色彩、款式、材料。只有选择合适的面料、巧妙运用与组合色彩、合理设计款式才能使创造出的服装形象具有很高的美学价值和强烈的艺术感染力。

第一节 服装的色彩美

服装素有"流动的绘画"的美称，一幅美妙的画作往往具有其特有的色彩风格，同样，色彩也在服装美学上享有不可替代的位置。

服装的色彩美是一个很重要的问题。服装的色彩美和其他形态美比较起来，具有更明显的使用和装饰功能。服装本身是一种商品，一件色彩美的服装，会引起人们审美的快感，引发人们审美的新时尚。服装的色彩美在于它的独特的审美情趣和审美功能。在人们把自己和他人的衣着进行比较的过程中，会体会到自己选择服装的喜悦和对自己定义的美的享受。人们注重的是通过无数次挑选所引起的色彩形式的表现以及某种文化意义传达的乐趣。

一、服装色彩的基本概述

（一）服装色彩的概念

色彩是服装设计的重要因素之一，是大自然对人类的恩赐。大千世界，五彩缤纷，为设计人员提供了无穷无尽的设计源泉。

一般而言，服装的色彩除了指服装的上下、里外色彩之外，还包括服饰配件（帽子、包、项链、手链等）的色彩。服装的主色调给人第一感觉能够使人产生直观印象和深刻的记忆，另外，主色调还能够充分体现穿着者的性格特征和情感。

（二）服装色彩的特征

服装色彩具有如下特征：

（1）服装色彩的简洁性。服装色彩的设计应尽量简洁、明快。一般男女装不要超过三四种颜色为宜。

（2）服装色彩的流动性。服装色彩的流动性指在不同地点、时间等场合，穿着的状态也不同。

（3）服装色彩的气候性。人们着装的颜色也会随着气候的改变而变化。气候冷的时候服装的色彩多趋向于深色调。

（4）服装色彩的流行性。"流行性"是现代成衣设计中的重要内容。流行周期一般以 5 ~ 10 年或更短的时间为单位，服装色彩也是如此。

（5）服装色彩的立体性。服装色彩是依附于面料之上的，服装是一种"软雕塑"。成品的衣服穿在人体上，服装色彩也由平面转成立体的状态。

（6）服装色彩的符号性。军服常用绿色和由多种绿色搭配的迷彩色，医护人员服装常为白色，环卫人员工作服如背心为橙黄色，运动员比赛服选用浅颜色。

（7）服装色彩的时代性。古今中外，服装色彩都随着时代的变化而变化，特别是封建社会，服装色彩常有浓厚的等级区别，但是当今社会，人们的着装观念彻底改变，服装色彩更是空前繁杂。所以，我们应该用发展的眼光去看待服装色彩的变化。

（8）服装色彩的宗教、礼仪性。不同地域、不同文化、不同信仰的社会群体，对服装色彩有严格的厘定和界限。

（9）服装色彩的民族性。各民族都有自己独特的着装方式和服装色彩，自然环境、生活方式、风土人情等都潜移默化地影响着服装的色彩。

（三）色彩的情感与象征意义

1. 色彩的心理感觉

色彩与人的心理感觉和情绪有一定的联系，色彩的直接性心理效应来自色彩的物理光刺激对人的心理产生的直接影响。色彩作为一种主要的视觉语言，它具有强烈的视觉冲击力，可以充分表现出人类的情感和意识。色彩感受并不限于视觉，还包括其他感觉的参与，如听觉、味觉、触觉、嗅觉等。长期的社会实践和生产实践促使人们对不同色彩产生了不同理解和情感共鸣。色彩具有冷暖、轻重、软硬、进退、华丽与朴素、积极与消极等心理特征。

俄裔法国画家、艺术理论家康定斯基在 1912 年出版的《论艺术的精神》中写道："色彩直接地影响着精神。色彩是琴键，眼睛是音槌，而心灵则是钢琴的琴弦。艺术家就是弹琴的手，弹奏着一个个琴键，引发心灵的震颤。"

康定斯基对色彩具有异乎寻常的感受力，能在五颜六色之中，看见音乐的节奏与旋律。他认为"红色所表现的各种力量都非常强烈。熟练运用它的各种不同色调，既可使其基调趋暖，也可使其趋冷。在特征和感染力上，鲜明温暖的红色和中黄色有某些类似，它给人以力量、活力、决心和胜利的感觉。它像是乐队中小号的音响，嘹亮、清脆，而且高昂。纯绿色是最平静的颜色，既无快乐，又无悲伤和激情，它对疲惫不堪的人是一大安慰和享受，但时间一久就使人感到单调乏味。蓝色是典型的天空色，它给人最强烈的感觉就是宁静。当蓝色接近于黑色时，它表现出了超脱人世的悲伤，使人沉浸在无比严肃庄重的情绪之中。蓝色越淡，它也就越淡漠，给人以遥远和淡雅的印象，宛如高高的蓝天。在音乐中，淡蓝色像是一支长笛，深蓝色好似一把大提琴，最深的蓝色可谓是一架教堂里的风琴。黄色使人们回想起耀眼的秋叶在夏末的阳光中与蓝天融为一体的那种灿烂的景色。白色对于人们的心理的作用就像是一片毫无声息的静谧，如同音乐中骤然打断旋律的停顿，但白色并不是死亡的沉寂，而是一种孕育着希望的平静：白色的魅力犹如生命诞生之前的虚无和地球的冰河期。黑色犹如死亡的寂静，表面上黑色是色彩中最缺乏调子的颜色，它可以作为中性的背景来清晰地衬托出别的颜色的细微变化。"

2. 色彩的象征性

服装色彩的象征性具体地说是由于人们的传统习惯、风俗和国家、宗教、团体的特定需要，给某个色彩以特定的含义，使某些色彩因其代表的内容不同，在一定的范围内有特定的表情和语言。比如橄榄绿和白色是象征着和平、希望的色彩，这是因为《圣经·创世纪》中记载有鸽子衔来了橄榄枝通知诺亚洪水退去、大陆出现，平安和希望已经到来的事迹。正是因为橄榄绿有着这样的意义，邮政中的邮政车、邮服、邮筒等都以橄榄绿作为标志色。由此可见，色彩的象征意义是由历史积淀而形成的，并具有相对的稳定性和延续性，在社会行为中起着传播性和标志性的作用。

色彩在每个时代、每个国家、民族、地区都有其不同或共同的象征意义。对色彩的偏好和喜爱是人们比较稳定的习惯，所以，民族的文化心理"是一种不易褪色的心理映像"。比如红色在中国和东方民族中，象征喜庆、热烈、幸福，是传统的节日色彩；在西方，则表示忌妒、暴虐和放荡，是恶魔的象征；在印度，则是生命、活力、开朗和热烈的象征。在我国，黄色作为高贵、至尊的颜色，在中国封建社会里，它被帝王所专用，除了皇家，一般人是不允许使用的。在古罗马，黄色也作为帝王的颜色而受到尊重。但黄色在信奉基督教的国家里，被认为是叛徒犹大的衣服颜色，是卑劣的可耻的象征。

二、各种色彩的美学特征

色彩主要分为无彩色系和有彩色系两大类型，无彩色系包括黑、白和各种深浅不一的灰色；有彩色系比如光谱分析中得到的红、橙、黄、绿、青、蓝、紫七色，这是 1666 年英国物理学家牛顿首次利用三棱镜分析出，太阳的白光是由这七色光组合而成的。无彩色系和有彩色系共同组合成丰富多彩的色彩世界。

每种色彩都有不同的特征，能表现出人特殊的情感和个性。服装色彩的情感表达，就是将不同的色彩按美学效果，进行有机的组合搭配，表现出热烈奔放、温馨浪漫、活泼俏丽、高贵典雅、稳重成熟、冷静刚毅、沉着果敢等情感、风姿与意韵。

（一）无彩色系的美学特征

无彩色系中有黑、白、灰三色，其特点是素洁、俭朴，有现代感。整个色系都各具特征，比如黑与白是色彩的两个极端，是色彩的起点和归宿，它们既矛盾又统一，相互补充，单纯简练，节奏明快，是人们喜欢而且也是最实用的服饰中的永恒配色。柏拉图很形象地说："白色是眼睛的张开（白天看见世界），黑色是眼睛的闭合（夜晚让人们在看不见世界时休眠）。"罗马人在共和时代末期崇尚白色和灰色，人们的服装均以白色和灰色为主色调。

1. 白色的单纯明净诱惑感

白色是纯洁、素净、神圣的象征，现代社会把白色视为高贵品位的审美象征。白色是一种不容妥协、不可侵犯的色彩，能显示出其高不可攀、不可玷辱的气质。白色的服装体现的是高洁、神圣、冷艳的品位，白色的裘皮大衣使着衣者更显出雍容华贵、远离尘埃的风度。西方的白色晚礼服配以白色耳环、白色项链、白色皮鞋、白色头饰、白色皮包以及手中捧着的白色鲜花，共同营造出一个冰清玉洁的色彩氛围，表现出对纯真、圣洁、美好幸福生活的向往和追求，仿佛通向一个很高的精神境界。白色与具有强烈个性的色彩的搭配，可以使人增添青春魅力，表现出不凡的情感效果。女孩穿上白色的连衣裙，点缀上天蓝色，能展示出浪漫飘逸、清纯无瑕的气质；白色长裙配以红色装饰，会显得格外艳丽动人；白色与绿色、黄绿搭配，能够在明快中见清丽，是青春活力和身心健康的体现；白色再与红紫色组合，能代表浪漫的神秘意趣。总之，白色与任何色彩搭配，都能表现出对比、调和、呼应、过渡的审美感觉（图 9-1）。

2. 黑色的深沉凝重感

黑色是具有双重效果的色彩，一方面象征着深沉、黑暗、恐惧、沉默和凝重等寓意；另一方面也象征着庄重、成熟、刚毅、沉稳、神秘等寓意。在服饰中，黑色以高贵典雅的格调，华贵而又质朴的意义内涵，给人以优雅感和神秘感，是高贵风格的体现，表现出深沉、矜持和冷峻的个性特征，而且富有都市风味和高雅气质。比如黑色晚礼服、黑色皮衣、黑色西装等都表现出着装者的优雅体态和高雅风度，创造出浪漫风采。黑色与白色、灰色以及有彩色系中的任何色彩都能组合搭配，从而营造出千变万化的不同的色彩情调；比如红色与黑色搭配，鲜艳的红色让活泼女孩风韵外溢，再配上冷峻深沉的黑色，冷热相济，既冲突又调和，既端庄又活泼，在冷峻中孕育激情。红与黑的搭配显示出着装者适度的典雅与热情，尤其在冬季里会给寒冷的天气带来浓浓的暖意，让人们的视觉为之一振，形成一道靓丽的风景线。黑色与有彩色系的冷色系搭配，又能给人以清爽、朴素、宁静之感。黑色与金色、银色搭配能表现出华丽富贵的感觉，再与其他暖色系搭配，则能表现出着装人的硬气、端庄、精明、利索的感觉，黑色与灰色搭配，则可显示出仪态庄重、清幽、典雅的高贵情调（图 9-2）。

图 9-1　白色连衣裙

图 9-2　黑色服装

3．灰色的间接过渡作用

　　灰色介于白黑之间，是白色的深化和黑色的淡化，兼具黑白二色的优点，更具高雅稳重的气韵。灰色最大的特点是能够和任何色彩搭配，构成种种富于浪漫气息的风格。灰色用在服饰上，一般都含有其他色素的特征，比如浅驼色、紫灰色等，它们不同于纯灰色，是一种富有朦胧美的灰色系列。在社交场合穿着灰色的西服、夹克衫、套裙等，能产生温文尔雅的风度，高明度的灰色是男性追求稳重、女性追求文静的理想服色。灰色与单纯的色彩组合，能突出高雅的格调，具有现代感，与相近的色调组合，更容易使人引发思古之幽情，因此，灰色是表现古典、雅致、高品位情调不可缺少的色系之一（图9-3）。

图9-3　灰色服装

（二）有彩色系的美学特征

　　人世间的美是无穷的，和人类相交融的自然界的色彩也是丰富多彩、感动人心扉的。屈原在《橘颂》中写道："后皇嘉树，橘徕服兮。受命不迁，生南国兮。深固难徙，更壹志兮。……曾枝剡棘，圆果抟兮。青黄杂糅，文章烂兮。"这是对橘树所呈现的自然色彩的热情盛赞，橘树所具备的青与黄（包括绿）都是有色系，"文章烂兮"就把青、黄（橙色与金色）所显现的美颂扬到了极致，没有再比"（灿）烂"更好的文辞了。在有彩色系里，由于各种颜色之间差别比较大，而且对比鲜明、强烈，所以，各色系在风格气质和情感表达上就都有着迥然相异的不同特点。

1．红色的不可抗拒的感染力

　　红色是一种热情奔放的色彩，也是最具丰富情感和内涵的色彩，所以具有热烈、浪漫、强烈等特点以及不可抗拒的感染力。红色具有鲜艳、强烈的视觉感官刺激作用，表现为热情、大胆、奔放、开朗、浪漫、欢乐、喜悦、向上的个性特征，红色使人联想起太阳、火焰、盛夏、鲜血、鲜花和生命力等相关的事物；红色令人兴奋、激动、振奋、昂扬向上、意气风发；看见红色，人可能会心跳加速，热血沸腾；看见红色，对于中国人来说，马上会联想起春节、婚庆和洞房花烛等美好的事物，西方人则会联想起圣诞节、情人节。红色也使人联想起春天，"春色满园关不住，一枝红杏出墙来"，"绿杨烟外晓寒轻，红杏枝头春意闹"，"日出江花红胜火，春来江水绿如蓝"。在唐朝就流行着绯红、石榴红的颜色，唐朝诗人万楚在《五日观妓》中咏叹道："眉黛夺将萱草色，红裙妒杀石榴花。"清朝乾隆时代流行着樱桃红、高粱红、辣椒红等色彩，被称为福色。如今红色确实是热闹、喜庆、幸福的象征。喜欢穿红色服装的人，被认为是"具有丰富愿望和理想的年轻活泼的人"。红色像玫瑰花一样，赋予人们以热烈、浪漫的美好情怀。

红色运用在服饰上最能传达热情、奔放、喜庆和积极向上的感觉，以红色为基调，再用黑色的装饰物搭配，可表现出阳刚之美，同时也为着衣者增添几分青春帅气。如果红色衬衣配以白色裙子，马上显示出夏天的情调来；红色与黄色的和谐搭配，令人心旷神怡；红色与白色、绿色搭配，便潇洒尽显；红色与蓝色搭配，可以鲜明地对比衬托出少女的妩媚和娇艳特质；而粉红色则象征幸福和甜蜜，最能表达温柔可爱、罗曼蒂克的情调；紫红色是一种具有坚定感的色彩，给人以沉稳、成熟、老练、古典的感觉。淡红色不能与咖啡色相搭配，这搭配会使纯色度显得混浊不堪。关于这一点，鲁迅先生曾和东北青年女作家萧红女士有过讨论，这里不再赘述。

2．绿色的充满希望与生机勃勃效应

绿色对于人的视觉来说，是最适宜的色彩，对视觉不但没有刺激，反而还会在人长时间使用眼睛看东西后，能够使人的视觉产生舒适感，缓解疲劳。所以绿色对人的视觉来说，是一种柔顺、温和、保护的颜色。绿色是一种具有顽强生命力的色彩，大地回春，冰雪消融，寒冬过尽，春天来临，田野尽披绿装，万木绽绿吐翠，欣欣向荣，整个世界弥漫在无穷无尽的绿色之中。哪里有绿色哪里就有生命，就生机盎然，给人以无限的希望。

绿色是春夏季节不可缺少的色彩，可与任何颜色搭配组合，它是一种亲和的颜色，具有调和的作用。绿色与红色组合，会形成色彩鲜艳、对比强烈的美学效果，"日出江花红胜火，春来江水绿如蓝"，"接天莲叶无穷碧，映日荷花别样红"，可以设想，明媚春天，艳阳高照，美丽的光芒射透碧绿如蓝的江水，红日与红花的呼应，绿水与绿叶相交融，便构成一幅使人陶醉的"日出花艳，春江水湛"的绝美画面。绿色与白色搭配会形成非常清爽宜人的感觉；绿色与暖色系的黄、橙以及红色组合，最能体现年轻女子的青春魅力，《诗经·邶风·绿衣》中就塑造了一个"绿兮衣兮，绿衣黄裳"的美好女子形象；绿色深化成为墨绿色，则代表了永恒与坚毅、深沉与果敢的气质，更使人有一种成熟、可靠和稳定感。绿色系的服装最能展现柔和、端庄、娴静的视觉效果，使人产生美好的印象。

3．黄色的富贵成熟意蕴和橙色的柔和饱满情调

黄色和橙色是相邻的色彩，具有过渡性和调和性特点。黄色在有彩色系中是最明亮、富有的色彩，象征着丰满、成熟、富有、尊贵、灿烂、明朗、阳光以及希望、向上的蕴涵。秋天来了，天高气爽，金色的阳光普照着大地，田野呈现出一片丰收的景象，五谷橙黄，瓜果飘香，落叶如飞，色调如颓，大自然回归到静穆状态，万物变得柔和、温情。秋天就是金黄色。黄色呈现出高明度，具有透亮和无重量的特点，所以黄色能产生飘逸、跃动和华美的感觉。黄色与白色搭配，更显得清新、明亮；黄色与蓝色搭配，则充满活泼、激荡之感，充满青春的英气；黄色与绿色搭配，具有清爽自然和宜人之感，富有生命之力；黄色再配以橙色，就能表现出明快、柔美、温暖、和谐之意。橙色是黄色与红色调和的结果，比黄色和红色都更加明亮，是最温暖、柔和的色彩。橙色调的服装最能表达开朗、亲切、自信的个性。橙色具有亲和力，引人注目，如果想要表达健康活泼的气质，可与白色搭配；若想表现时髦内容，就可以配上黑色，这是最适宜的颜色，若与灰色相搭配，就会显得平和，再与较深的秋季绿和蓝紫搭配，还能营造出一股奔放的激情来。

4．蓝色的犹如精灵般的境界

蓝色犹如一望无际的海洋和广阔无垠的天空，闪动着深邃而神秘的光色。"晴空一鹤排云上，便引诗情到碧霄"，"两个黄鹂鸣翠柳，一行白鹭上青天"，"落霞与孤鹜齐飞，秋水共长天一色"。

蓝色和青色是同色，看到蓝色，就能想到大海、蓝天、湖水，更会想到精灵。蓝色服装能够很好地表现出清纯、真诚、镇定、理智、沉稳和充满智慧的个性，会使人产生悠久的稳定感。蓝色包括深蓝、浅蓝、藏蓝、天蓝、海蓝、湖蓝、湛蓝等层次，天蓝色在蓝色中被认为是生气勃勃的艳丽色彩，虽然带有沉静的冷色调，但仍然具有华丽、显赫的气势和强烈、劲健的个性特点；浅蓝色在淡雅和明快中透露出丝丝清凉感，浅蓝色和白色、浅黄色、浅绿色、浅紫色、淡红色等色彩搭配，均可表现出男孩、女孩们的天真、可爱、活泼性格，给人以单纯、明快、纯洁、开朗、文静的美感；深蓝色却使人显示出成熟、深沉、稳重、矫健的气质，是智慧、敏锐的象征；藏蓝色由于明亮度比较低，却也能表现出老练、沉着、庄重的感觉，年龄稍长者穿上这样色彩的服装，既显得稳重，又不显得苍老。

5．紫色的高贵神秘诗意感

紫色是有彩色系里明度最低的色彩，它是一种间色。灰暗的紫色有苦涩、忧郁和孤独感，但紫色则有神秘感、艳丽感、优雅感和高贵感。紫色是雅致、神秘的色彩，紫色是红与蓝相混而成的色彩，所以，它具有红色的热烈与兴奋，又有蓝色的冷静、宁谧、沉着的双重性格，从而形成一股不可抗拒的高贵、典雅又神秘的力量。在中国"紫气东来"象征的是平安、祥和的气氛。在古罗马时期，紫色很难萃取，物以稀为贵，价值连城，是只有皇帝和贵族才能享用的颜色。紫色服饰在色调上的差异会产生不同的情感效果，蓝紫色能给人以高贵的气质，可以展现出女性的成熟与妩媚感。高明度的浅紫色更具有优雅、浪漫、甜美、轻盈、飘逸的女性特征感。紫色与金色相互搭配，会显得富丽华贵，紫色与银色组合则冷艳闪烁，紫色与黑色相搭配，更能衬托出神秘莫测的氛围感，紫色和白色组合，则显示的是神圣、高贵与不可侵犯。

三、服装色彩的形式美

服装配色的美是由一定的色彩关系所给予人的一种愉快的感觉。服装色彩的设计不但应该满足各种功能性的要求，而且更重要的任务是在于发挥色彩的美感，给人以愉快的感觉。美好的配色虽有千万种，其中也有共同遵循的构成原则，这些原则是把色彩的美与不美的条件放在纯粹的形式上加以分析。按照一定的理论原则，通过对色彩的平衡、节奏、强调、分隔、统调形式规律的恰当运用来建立美的色彩结构。

（一）平衡

平衡有物理平衡与心理平衡之分，视觉中的平衡即指一种心理的体验。色彩知觉中平衡的概念同样是从视觉出发，以心理量为衡量尺度，通过色彩的面积、分布位置、三属性特征、质感等因素由感觉加以判断。在服饰中，可以在对称平衡的造型中赋予不对称的配色、不对称平衡的造型中赋予对称的配色，使统一中有变化，丰富而不失整体感（图9-4）。

（二）节奏

节奏在音乐中是指音响交替出现的不同强弱、长短等有规律的现象。节奏是音乐中形成旋律的根本要素。没有节奏，音乐就不存在。色彩的节奏则是通过色彩要素有规律的重复、渐变而得到的。色彩在视觉上引起流动感，就形成了动的节奏（图9-5）。

（三）强调

在较小的面积上使用与整体不同质的色彩，就形成了强调性配色。强调性配色是配色中的重点。在服饰中使用强调色彩，目的是打破单调、平凡之感，使整体看起来更紧凑。强调性配色在服饰色彩设计中有重要的意义，它常常使一套看似平常无奇的服装充满生气，富有情趣。强调色彩的成功配置更能体现设计师的巧妙匠心，可称为设计中的点睛之笔（图9-6）。

图9-4　平衡色彩　　　　　图9-5　节奏色彩　　　　　　　图9-6　强调色彩

（四）分隔

在两色的交接处嵌入不同质的色彩，使原配色分离就是分隔配色。衣服上的分隔多用于镶边、花纹、拼接的色彩结合处，在服装的某些局部用一些服饰品及配件，如腰带、领带、围巾也能起到分隔色彩的效果，即使一条项链也可以将肤色与服色分离，起到一个缓冲的调节作用（图9-7）。

（五）统调

统调即为了配色的统一而用一个色调支配全体。换而言之，就是强调其要素的共同性倾向，将复杂的色彩中共有的色素提出，使之形成一体。统调可以从色相、明度、纯度等方面进行，也可以从面积方面进行，可以用单一要素统调，也可以多要素并用（图9-8）。

图9-7　分隔色彩　　　　　　　　　图9-8　统调色彩

（六）其他

另外服装配色还可以运用其他的一些形式原则，如单纯化、反复、多色调和、渐变调和等（图9-9）。

图 9-9　其他色彩

四、流行色与服装色彩的流行美

（一）流行色的概念

流行色英文名称为"Fashion Colour"，即时髦、时兴的色彩；也有称"Fresh Living Colour"，即新颖的生活用色。

一般对"流行色"的解释是：在一定的时期和地区内，在社会上迅速传播，在消费者中广泛流行的带有倾向性的色彩，它不是一个或几个色彩，是一种色彩倾向，一般包括几种或几组色彩及色调，或称"色群"。

与社会上流行的事物一样，流行色是一种社会心理产物，它是某个时期人们对某几种色彩产生共同美感的心理反映。所谓流行色，就是指某一部分或某一阶层的人对某种服装色彩在一个时期内产生偏爱的色彩，从而引起的带有倾向性的消费现象。

流行色的产生与社会生产、变革、价值观相联系。可以说任何人对于色彩的情感都难以做到一成不变，这是由人类的心理以及本能的特性所决定的。重视这种需要，不断创造新的色彩形象，可以将个人的需求导向社会的轨道，于是对服装色彩具有重大意义的"流行色"进入了现代生活。流行色就是流行的风向标，掌握了流行色的风向，就能引领潮流方向。

（二）流行色的特征

1．时代性

人们处在不同的时代里，有着不同的精神向往，有一些色彩被赋予时代精神的象征意义，适合人们的认识、理想、兴趣、爱好、欲望时，那这些具有特殊感染力的色彩就会流行起来。20世纪60年代，宇宙飞船上天，开拓了人类进入太空空间的新纪元，这个标志着科学新时代的重大成果一时轰动了世界，色彩研究家们抓住人们的心理，发布了太空与星球色系，结果使其在一个时期内，流行于世界各地。20世纪70年代，欧洲国家面临能源危机，局势动荡不安，经济不景气，人们预感到战争一触即发，一部分人产生恐惧心理，此时，国际流行色协会发布的一组卡其色（军装绿）为人们所广泛接受。

2．空间性（又称区域性）

流行色是社会文化的产物，各个国家、民族由于社会、政治、经济、文化、科学、艺术教育、传统生活习惯的不同，在气质、性格、兴趣、爱好方面也是不尽相同的，表现在流行状态上也会有所差异，例如美国人性情豪放、自由，流行色的纯度就高；法国人比较细腻，流行色的颜色都带有微小的灰色调。

3．规律性（又称循环性）

任何流行事物都要经过它的萌芽期—盛行期—没落期。流行的颜色一般遵循从冷到暖，从暖到冷；从明到暗，从暗到明这个规律。

（三）流行色预测的研究机构

流行色的研究和预测是以商业目的为动机的，但实际上改善了人们的生存空间，美化了生活环境，提高了文化享受的层次。在西方国家，流行色广泛地深入到社会生活和日常生活的各个领域，涉及人类生活的整体空间。

1．国际流行色协会

国际流行色协会是国际上最具权威性的研究纺织品及服装流行色的专门机构，全称为"国际时装与纺织品流行色委员会"（International Commission for Colour in Fashion and Textiles, INTER COLOR）。该机构于 1963 年由法国、瑞士、日本发起而成立，总部设在法国巴黎。该机构每年举行两次会议，确定第二年的春季和秋冬季的流行色，然后，各国根据本国的情况采用、修订，发布本国的流行色。欧美有些国家的色彩研究机构、时装研究机构、染化料生产集团还联合起来，共同发布流行色，染化料厂商根据流行色谱生产染料，时装设计家根据流行色设计新款时装，同时经报纸、杂志、电台、电视广泛宣传推广，介绍给消费者。目前，国际上发布流行色权威性较高、影响较大的有《国际色彩权威》和由美国、欧洲共同体共同创办的商业性较强的色谱《Cherou》（意大利色卡）、《巴黎纺织之声》等杂志。它们每年春秋两次预报第二年春夏季、秋冬季的流行色谱。中国于 1983 年 2 月以中国丝绸流行色协会（即全国纺织品流行色调研中心）的名义正式加入该协会。

2．潘通公司

潘通公司（Pantone），又译为"彩通"，是一家以专门开发和研究色彩而闻名全球的权威机构。1953 年，潘通公司的创始人 Lawrence Herbert 开发了一种革新性的色彩系统，可以进行色彩的识别、配比和交流，从而解决了有关在制图行业制造精确色彩配比的问题。50 多年来，潘通已经将其配色系统延伸到色彩占有重要地位的行业中，如数码技术、纺织服装、塑胶、建筑和室内装饰及涂料等。潘通于 2007 年 10 月被 X-Rite, Incorporated 所收购。

潘通是目前最有影响力的色彩标准供应商，同样地，它也作为每年流行色的风向标而存在。潘通流行色色彩展望是一种每年两次就时装色彩趋势而设的预测工具，提前 24 个月提供季节性色彩导向和灵感，对于设计和时尚行业从业者而言，其已成为设计师、制造商、零售商和客户之间色彩交流的国际标准语言，在男装、女装、运动装、休闲装、化妆品以及行业设计等方面得到了广泛应用。

（四）服装色彩的流行美

流行色代表时代风尚，满足着人们不断变化的喜好。流行色是按春夏秋冬的不同季节来发布的，它发生于极短的时间内。它可能影响该时代的色彩，但不足以改变该时代的色彩特征。相对于流行色，比较长期稳定的色彩是常用色。常用色变化缓慢，一定范围内适用性较强，推用面广、延续性较长。

流行色和常用色都不是一成不变的，它们互相依存、互相补充、互相转换。某种常用色可能在某个阶段变为流行色，而某种流行色因流行时间长、普及率高，也可转为常用色。如黑、白两色，在很多国家是常用色，有时也会成为流行色。而当不同的流行色到来时，常用色往往会微妙地改变色彩倾向以配合流行色，展现出一个流行阶段的服饰美感。例如灰色，在流行蓝色时，偏冷的灰色受欢迎，在流行茶色时，偏暖的灰色便更能吸引消费者，这与流行色调息息相关。

流行色在一定程度上对市场消费具有积极的指导作用。国际市场上，特别是欧美、日本、中国香港等一些消费水平很高的市场，流行色的敏感性更高，作用更大。

第二节　服装的款式美

款式虽层出不穷，但有规律可循。量体裁衣同时满足了人体的"物种尺度"，扬长避短，美化人体，也不可忽视人的"内在尺度"，气质修养，美化仪表。

一、服装廓型的分类和变化

流行款式最明显的特点就是廓型的演变。

服装外轮廓原意为影像、剪影、侧影、轮廓，在服装设计上引申为外形、外廓线、大形、廓型等意思。服装外轮廓是一种单一的色彩形态，人眼在没有看清款式细节以前首先感觉到的是外轮廓。

（一）服装廓型的分类

众所周知人有各种各样的身材体型，高矮胖瘦各不相同。服装跟人体一样有各种各样的廓型。服装廓型这个词最早来源于西方，目前最为广泛使用的有以下5种类型。

H型（即矩形）是一种平直廓型。它弱化了肩、腰、臀之间的宽度差异，外轮廓类似矩形，整体类似大写字母H，具有挺括简洁之感。此类服装由于放松了腰围，因而能掩饰腰部的臃肿感，总体上穿着舒适，风格轻松（图9-10）。

A型是一种适度的上窄下宽的平直造型。它通过收缩肩部（不使用垫肩），扩大裙摆而造成一种上小下大的梯形印象，使整个廓型类似大写字母A字（图9-11）。

图9-10　H型服装　　　　　　　　　图9-11　A型服装

T 型与 V 型相似，外轮廓造型较宽松，通常为连体袖或插肩袖设计，夸张肩部，收缩裙摆，其形类似大写字母 T，此种造型在职业女装中常采用（图 9-12）。

X 型是通过夸张肩部、衣裙下摆而收紧腰部，使整体外形显得上下部分宽松夸大，中间窄小，类似大写字母 X。X 型与女性身体的优美曲线相吻合，可充分展现和强调女性的魅力（图 9-13）。

O 型具有夸张肩部，收缩下摆显示夸张柔和的特点（图 9-14）。

图 9-12　T 型服装

图 9-13　X 型服装

图 9-14　O 型服装

（二）服装廓型变化的关键部位

服装廓型变化的几个关键部位有：肩、腰、臀以及服装的底摆。服装廓型的变化也主要是对这几个部位的强调或掩盖，因其强调或掩盖的程度不同，形成了各种不同的廓型。

1．肩部

肩线的位置、肩的宽度、形状的变化会对服装的造型产生影响。如袒肩与耸肩的变化（图 9-15）。

2．腰部

腰部是影响服装廓型变化的重要部位，腰线高低位置的变化，形成高腰式、正腰线式、低腰式服装。腰的松紧度是廓型变化的关键，形成束腰型与松腰型（图 9-16）。

3．底摆线

摆就是底边线，在上衣和裙装中通常叫下摆，在裤装中通常叫脚口。摆是服装长度变化的关键参数，也是服装外形变化的最敏感的部位，底边线形状变化丰富，是服装流行的标志之一（图 9-17）。

图 9-15　肩部廓型

图 9-16　腰部廓型　　　　　　　　　图 9-17　底摆线廓型

二、服装廓型和时装流行美

廓型的变化影响着服装流行时尚的变迁,服装廓型变化的历史就是一部时装流行史。

1.20 世纪初期

20 世纪初期,被称作"奢华年代"(图 9-18)。这一时期的时尚规则是严格和拘谨的。不服从这些规则可能会被社会排斥,因为服装代表着一个人的年龄、地位、社会阶层。

图 9-18　20 世纪初期服装

在这个时期,穿着紧身胸衣的女装廓型是 S 形或沙漏形,紧身胸衣包括纤细的腰部和与之相连的胸部,并与浑圆的臀部相平衡。如果臀部曲线不明显,就要在裙子下面增加一个臀垫作为支撑。

这个时期流行夸张的装饰性头饰,小脚很流行,女性故意穿上小几号的鞋子,甚至有些对时尚狂热的人把脚趾骨切除,使脚显得更娇小。

2．20 世纪 10 年代

1914 年，第一次世界大战爆发，这十年发生了巨变。女权运动日益高涨，越来越多的女性外出工作，她们有了越来越强烈的社会经济独立意识，这些都意味着束缚身体的紧身胸衣已经不再适合新的生活方式，战争也促使人们少些浮华度日（图 9-19）。

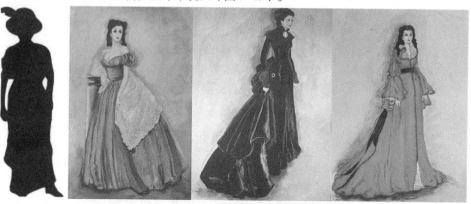

图 9-19　20 世纪 10 年代服装

在廓型上，受中东式长裙和伊斯兰裙的影响，法国设计师保罗·波烈（Paul Poiret）创造出蹒跚裙。尽管这种裙子比紧身胸衣容易穿着，但是它的底摆非常窄，给行走带来困难。后来，底摆升高 1~2 英寸[①]，由蹒跚型变为可穿性更强的喇叭形，其中一些还打褶或者层层叠叠，与柔软圆润的肩部相协调。

服装搭配很大的宽边圆顶帽，共同构成这一时期的廓型。

代表人物：法国设计师保罗·波烈。

3．20 世纪 20 年代

在喧嚣的 20 世纪 20 年代，一个被称作"男孩子式"的新廓型出现了。

这一时期廓型是平胸、平臀、宽肩、低腰。这一时期的大多数裙子长度刚及小腿，有手帕式的或不对称的下摆，使得更短的款式得以出现。这一简单廓型让家庭制作服装可以模仿流行款式，时尚变得很容易做到，而不只是有钱人的特权（图 9-20）。

图 9-20　20 世纪 20 年代服装

①1 英寸 =25.4 毫米。

这一时期流行很短的、男孩子式发饰的伊顿短发，钟形女帽。

代表人物：加布里埃·可可·香奈儿。

4．20世纪30年代

20世纪30年代，世界性的经济衰退和华尔街破产引发了人们大规模失业，最终演变成了历史上有名的世界经济大萧条。

这一时期，流畅的、没形的廓型被更柔和的、更女性化的廓型所代替，这一廓型强调曲线，腰线回到了自然位置。历史上第一次出现了裙子长度在一天中因时间不同而变化。连衣裙的盖肩袖很短，因此披肩被广泛使用。女性工作繁忙，这些实用的、多功能的穿着方式和时尚意识反映了新的生活方式。合体的服装依然受欢迎，搭配空前短的滑冰裙和短裤，适合在公众场合穿着（图9-21）。

图9-21 20世纪30年代服装

5．20世纪40年代

20世纪40年代是被第二次世界大战战火笼罩的时代，受到战争的影响，这个阶段的款式和设计都有了很大的变化。随着第二次世界大战爆发，欧洲的纺织工业被迫转向军需生产。巴黎与世隔绝，失去了世界时尚中心的地位，很多本土设计师逃往纽约和伦敦。战争岁月里，很多妇女开始在军队服务，其余的则维持家庭，服装出现了前所未有的功能化。

从1941年到1945年，外衣风格制服化。主要廓型是军装外观，厚厚的垫肩形成了方形肩部，搭配实用的及膝裙。战后法国设计师克里斯汀·迪奥推出的"新风貌"宣告了一个革命性的廓型来临。

1947年2月12日，克里斯汀·迪奥在首场时装秀上以显露腰身与臀部、突出丰满胸线的全新造型Corolle line震惊了世界。风韵十足的曲线，成就了理想身型。很快，美国《时尚芭莎》杂志的天才主编卡梅尔·斯诺（Carmel Snow）将这种彰显女性魅力的设计命名为"新风貌"（New Look），迪奥传奇就此诞生。此后60多年来，"新风貌"取代了Corolle的原名，成为20世纪高级时装的一个最重要的里程碑（图9-22）。

图 9-22　20 世纪 40 年代服装

6．20 世纪 50 年代

20 世纪 50 年代，巴黎重新获得世界"时尚之都"的桂冠。战后，社会名界提倡妇女做家庭主妇，女性穿着紧身上衣和宽下摆裙或者箱型的合体夹克搭配铅笔裙。这时期廓型的典型标志是柔软的宽肩、带有胸衣的细腰和丰满的臀部（图 9-23）。

图 9-23　20 世纪 50 年代服装

7．20 世纪 60 年代

社会对于年轻一代的重视程度不断地增长，他们的着装品位、音乐喜好和肆意消费，促成了 20 世纪 60 年代的保护消费者权益运动，这一时期时尚很快就"过时"了，流行迅速更替。

20世纪60年代廓型是A型以及不同长度的衬衫裙，迷你裙是这个时期的最佳代表。男女相同的男孩子发式风靡一时，流行的发型非常短，剪成球形（图9-24）。

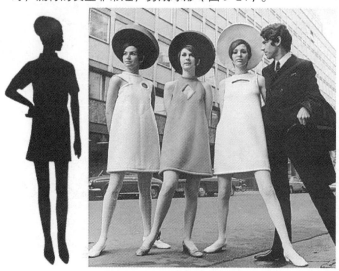

图9-24 20世纪60年代服装

代表人物：杰奎琳·肯尼迪的"纯真形象"影响了20世纪60年代早期廓型，如七分袖、圆盆帽、时髦的两件套（连衣裙和开衫）和两片式运动套装。

8．20世纪70年代

20世纪70年代宣告了妇女解放运动和权利（包括义务）运动的开始。旅游的大量增加使时尚全球化，来自世界各地的影响都有可能冲击时尚领域。

20世纪70年代廓型是更为轻松的、修长型的。例如采用浪漫的飘逸面料；乡村风格的套头衫的下摆呈喇叭形，隐藏了腰部的线条；喇叭裤搭配厚底鞋。发型是轻微的卷发。代表的文化现象是疯狂的摇滚乐和迪斯科（图9-25）。

图9-25 20世纪70年代服装

9. 20 世纪 80 年代

20 世纪 80 年代是经济繁荣、过剩、消费最高的时期。设计师品牌和高档汽车是炫耀财富和成功的方式，一个表现良好的股票市场意味着有人可以一夜暴富。此时，在一些工作岗位上，女性穿着强势，与男性公平竞争。她们需要生活的一切——成功的事业、平等的社会地位和幸福的家庭。这个时期最流行的是健美操，尤其流行穿着护腿、穿着名牌运动服的运动形象（图 9-26）。

图 9-26　20 世纪 80 年代服装

女装廓型被大垫肩、军装式的垫肩所统治，另外，这个时期的代表是硕大而丰富多彩的珠宝、宽腰带、膝上窄裙和带有匕首跟的尖头鞋。

10. 20 世纪 90 年代

在物质过剩的 20 世纪 90 年代，廓型开始减少，出现了被称作"极少主义"的形式。随着网络的出现，时尚开始全球化，少了垄断，多了选择，人们可以自由选择自己喜欢的衣服。时装更易仿制，经常在商场打折销售。消费者消费变得更加理性，要求更高。

廓型上流行时髦的、性感的两件式裤套装。长裤搭配简单的窄肩衬衫，再加上少量突出的饰品（图 9-27）。

图 9-27　20 世纪 90 年代服装

三、人体美与服饰美

（一）人体美的文化内涵

人的身体包括身材、相貌、肤色、姿态、气质等一系列的自然要素，蕴含着智慧、力量、情感、意志、技能等丰富的内涵。对人体的欣赏是人类的一种自我发现、自我肯定、自我欣赏。在古希腊哲学家与艺术家眼里，人体是自然世界的一部分，是最具匀称和谐、庄重优美特征的审美对象。古希腊人热爱生活，关注人自身，在他们看来，人体美丽、高贵、伟大、崇高，因此，他们充满激情地歌颂人体之美。古希腊艺术家将注重数学和比例的毕达哥拉斯学派的美学观运用到人体艺术上，获得了无与伦比的完美，妩媚的优美和壮硕的健美都可以在一尊古希腊的雕塑中显现出来。正如德国美学家温克尔曼在论述古希腊雕刻时所赞叹的"希腊艺术杰作的一般特征是一种高贵的单纯和一种静穆的伟大"。

经过了中世纪对人性的压制、对身体的包裹掩盖之后，西方从文艺复兴以来，重新进入人性觉醒和自我意识确立的时代。德国诗人歌德说："不断升华的、自然的最后创造物就是美丽的人。"德国哲学家费尔巴哈说："世界上没有什么比人更美更伟大。"苏联著名雕塑家穆希娜说："人体能最充分、最真诚、不隐蔽地表现人的情绪和内在的面貌。"俄国美学家车尔尼雪夫斯基说："人体是地球上最美的美。"

人体之所以是最美的，是因为没有一种线条、轮廓比人体的线条、轮廓更生动、柔和、富于变化和富有韵律美了；也没有一种体积、形态比人体的体积和形态起伏更匀称、有力，更有弹性和更有节奏感了；更没有一种色彩比人体的皮肤色更鲜嫩、滋润，更有光泽和更具生命的感觉了。

（二）人体美与服饰的关系

服装设计是以人体为基础的，衣服只有与穿着者的体态结合得好，才能既有体又有形，才会使人产生美感。造型美的均衡、对称、对比、变化等因素都在于人体之中。人体是一个比例匀称、协调的整体，这本身就是一种美的形式和美的存在。作为服饰美的构成，就是要求把人体所特有的力量和健美，通过服装造型表现出来。

古希腊的衣服最大限度地发挥衣料自身的特性，形成以优美的垂褶为特色的宽敞的披挂式衣服。古希腊的服饰多采用不经裁剪、缝合的矩形面料，通过在人体上的披挂、缠绕、别饰针、束带等基本方式，使宽大的面料收缩，形成自然下垂的褶裥，人体在自然的服装中若隐若现，服装被赋予了一种生动的神采，形成了"无形之形"的特殊服装风貌。在这种衣服当中，人体也处于最自然的状态，可以说布料与人体、主体与客体、形式与精神都取得了高度的调和。

美化人体是服装艺术的基本作用之一。服装是人体的外在包装形式，人体又是服装穿着效果的载体，服装的穿着者和服装一起组成了审美对象。服装美学就是运用最有表现力和装饰性的材料和手段去塑造出人体美的形象。

第三节　服装的材料美

艺术创作离不开材料，服装制作也离不开材料。服装材料是构成服装美的主要因素之一。而面料设计首先要掌握它的性能，如面料的刚柔性、悬垂性、保形性、褶裥的保持性以及辅料的特性，然后再进行设计。

一、材料常识

（一）纺织面料品种

纺织面料分棉、麻、毛、丝和化学纤维等五大类。

（二）纺织纤维的分类

天然纤维：植物纤维（棉、麻）、动物纤维（羊毛、兔毛、桑蚕丝）、矿物纤维（石棉）。

化学纤维：再生纤维（纤维素纤维、蛋白质纤维、海藻纤维）、合成纤维（锦纶、涤纶、腈纶、维纶、丙纶、氯纶、其他）、无机纤维（硅酸盐纤维、金属纤维、其他）。

（三）主要特性

棉：良好的吸湿性、透气性；优良的穿着舒适性；染色性好；耐碱性好，抗酸能力差；耐热性、耐光性均良好；弹性差、易起皱；不易虫蛀，但易霉烂变质。

麻：强度、导热性、吸湿性较棉织物大；对酸碱反应不敏感（浓硫酸处理，基本无变化；烧碱处理，丝光现象）；抗霉菌性好，不易受潮发霉；染色后色泽鲜艳，不易褪色。

毛织物：坚牢耐磨；质轻，保暖性好（不良导体）；弹性、抗皱性好；吸湿性好，穿着舒适；不易褪色。

丝织物：柔软滑爽，高雅华丽；色彩鲜艳，光彩夺目；吸湿性、耐热性良好；耐光性、耐水性、耐碱性差。

二、服装面料质地与服装造型关系

传统款式：面料西装——中厚型毛料；晚礼服——丝绸锦缎；大衣——厚呢料；夏装——亚麻、芝麻；砂洗绸西装——显得休闲浪漫；针织面料T恤——潇洒明快。

（一）柔软型面料

柔软型面料轻薄、悬垂性好，造型线条光滑而流畅，贴体服装轮廓自然舒展，显示体形。

针织面料：延伸性好，服装轮廓与结构线条宜简洁，常取长方形造型，使衣、裙、裤自然贴身下垂，从而展现优美人体曲线。

丝绸面料：轻盈飘逸，柔和的服装线条可随人体而自然流畅，多采用宽松型和有褶裥的造型，以表现线条的流畅感和潇洒的自然风格。

（二）挺阔型面料

挺阔型面料硬挺有身骨，造型线条清晰而有体积感，能形成丰满的服装轮廓，衣着时不紧贴身体，有庄重稳定的印象。应用挺阔型面料设计服装应轮廓线鲜明合体，以突出服装造型的精确性。西装、连衣裙、夹克衫，也可采用细皱纹和褶裥，以设计出体态丰满的衣服、蓬松的裙子等。挺阔型面料有卡其、灯芯绒、麻布，中厚型毛料、化纤、仿毛织物、丝绸中的塔夫绸、锦缎等。

（三）光泽型面料

光泽型面料表面光滑，能反射亮光，有熠熠生辉之感，光泽闪耀，华丽夺目。软缎、横贡缎、合纤中的金银线等织物，光泽随材料结构不同而不同，有光人造丝反射最强烈，但光感刺眼。真丝绉缎：光泽柔和细腻，质地华丽高雅，可作高档礼服。此光泽型面料有耀眼华丽的膨胀感，在服装造型上应以适体、简洁、修长为宜。

（四）厚重型面料

厚重型面料质地厚实挺括，有一定的体积感，能产生浑厚稳定的造型效果。其一般有扩张感，若叠缝层数多，则显得臃肿，不宜多用缉线和褶裥，造型和轮廓不宜过于合体贴身和细致精确。

（五）绒毛型面料

绒毛型面料是表面起绒或有一定长度的细行面料，有丝光感，显得柔和温暖，有厚重感。其因材料不同而质地各异，服装造型也有别。平绒和灯芯绒：有厚重棉织物的硬挺度。乔其纱、金丝绒：光泽明亮自然，手感柔和，有丝绸感的悬垂性。毛皮面料的毛绒形成一定厚度，柔软蓬松，衣着时具有较强的扩张感。

（六）透明型面料

透明型面料质地轻薄而透明，能展露体形，具有绮丽优雅，朦胧神秘的效果。

透明型面料包括棉、巴厘纱、丝、乔其纱、缎条绢。

质感：柔软飘逸型、轻薄挺爽型，多展示面料透明度，使人体形与肌肤若隐若现，产生迷离朦胧的效果。

三、服装面料再造及肌理美

服装面料再造设计的造型手段有传统手工艺和现代设计手法。传统手工艺表现手法有刺绣、褶饰、编织、立体花饰、印染、拼贴、织锦等；现代设计手法有切割、撕扯、烫贴、腐蚀等。

（一）刺绣

刺绣是针线在织物上绣制的各种装饰图案的总称。刺绣是中国民间传统手工艺之一，在中国至少有二三千年历史。中国刺绣主要有苏绣、湘绣、蜀绣和粤绣四大门类。刺绣的用途主要包括生活和艺术装饰，如服装、床上用品、台布、舞台、艺术品装饰。现代绣法包括十字绣、缎带绣、珠绣、绳绣等（图 9-28）。

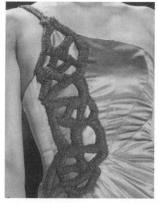

图 9-28　刺绣服装

（二）褶饰

面料的褶皱是使用外力对面料进行缩缝、抽褶或利用高科技手段对褶皱永久性定型而产生的。

褶饰能改变面料表面的肌理形态，使其产生由光滑到粗糙的转变，有强烈的触摸感觉。褶皱的种类很多，有压褶、抽褶、自然垂褶、波浪褶等，形态各异（图9-29）。

图 9-29　褶饰服装

（三）编结

编结是绳结和编织的总称，主要采用各类线型纤维材料，如线绳、布条等，运用手工或使用工具，通过各种编织技法制作完成的编织物品。编结艺术能形成半立体的表面形式，其织物的肌理、质感、色彩、图案等具有变化莫测的效果，是服装服饰和室内家居用品进行装饰的重要手段之一。在面料再造设计中主要体现在对面料的装饰作用，点缀服装或改变服装风格，既有视觉美感效果，又有触觉肌理效果，搭配出或纯朴或神奇的服饰艺术特色。

（四）花饰

服装面料再造设计中花饰通过多层次或复杂的空间结构，使服装呈现出立体、富于变化的外观效果，在服饰中起着装饰点缀的作用。花饰品主要分两大类：天然花饰和人造花饰。天然花饰有鲜花、干花；人造花饰有绢花、纸花、水晶花、布艺花、丝网花、金属花等。在服装设计中布艺花和丝网花应用较多（图9-30）。

图 9-30　花饰服装

（五）印染

印染是对需要进行图案装饰的纺织服装材料采用一定的工艺，将染料转移到布上的方法。传统印染方法主要有扎染、蜡染、夹染等。

扎染，中国古称绞缬，唐代宫廷已广泛使用。扎染服装具有独特的色晕和放射效果，是中国传统的民间工艺装饰服装之一。江苏南通的扎染服装较为著名。蜡染，中国古称蜡缬，约始于汉代，盛行于唐代，是中国传统的民间印染工艺之一。蜡染能产生独特的冰纹效果，装饰性强，具有鲜明的民族风格。中国苗、布依、瑶、仡佬等民族中甚为流行蜡染服装。中国贵州省安顺的蜡染服装在国际上享有盛誉（图9-31）。

图9-31　印染服装

（六）拼贴

拼贴是拼接和贴补艺术的总称。拼接是用各种不同色彩的小块布料拼接在一起的一种造型样式的手工艺技法，可以拼接成对称或不对称图案，包括装饰人物和植物、动物等图形，广泛用于服装设计和室内设计等方面。

贴补工艺是一种在古老技艺的基础上发展起来的新型艺术，即在一块底布上贴、缝或镶上有布纹样的布片，以布料的天然纹理和花纹将工笔画用布贴的形式表现出来。它是以剪代笔、以布为色进行创作的一种装饰手法，充分利用布的颜色、纹理、质感，通过剪、撕、粘的方法，形成有独特色彩的抽象的造型，具有笔墨不能取代的奇效，若用于面料再造设计能创造出面料的浮雕感，给人新的视觉感受。

（七）剪切

剪切是指在皮、毛及一些机织面料上利用剪纸艺术处理成各种镂空的效果，包括手工剪切和机器切割两种。其特点为工艺要求细腻精致，图案精美，制作后的成衣尤显别致，产品档次相对较高（图9-32）。

（八）烫贴

烫贴是指将各种形状的烫钻、烫贴片根据服装部位及图案设计的要求，用熨斗烫在面料上来装饰和点缀服装面料的一种表现方式。其特点为工艺要求考虑因素较复杂，产品质量要求较高，烫贴图案精美，很有视觉冲击力，是提升产品档次的一种极好的途径（图9-33）。

图 9-32　剪切工艺

图 9-33　烫贴工艺

（九）撕扯

撕扯就是在完整的面料上经撕扯、劈凿等强力破坏留下具有各种裂痕的人工形态，造成一种残像。其特点为操作方法比较简单、自主、随意意识较强，设计作品具有现代时尚感，我行我素极具个性表现力（图9-34）。

（十）做旧

做旧就是利用水洗、沙洗、砂纸磨毛、染色以及利用试剂腐蚀等手段，使面料由新变旧的工艺方法。做旧分为手工做旧，机器做旧、整体做旧和局部做旧。做旧工艺的特点是：由于织物内部结构发生变化而导致其表面效果不同，从而更加符合创意主题与情境，增加服装面料的表现力及艺术个性（图9-35）。

（十一）抽纱

抽纱是指在原始纱线或织物的基础上，将织物的经纱或纬纱抽去而产生新的构成形式、表现肌理以及审美情趣的特殊效果的表现形式。

抽纱工艺手工操作相对较繁杂。利用该工艺制成的织物具有虚实相间、层次丰富的艺术特色和空透、灵秀的着装效果（图9-36）。

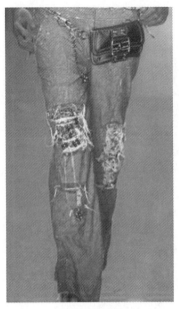

图 9-34 撕扯　　　　　　　　图 9-35 做旧　　　　　　　　图 9-36 抽纱

第四节　服装的形式美

所谓"美"是经过处理，有统一感、有秩序的情况下产生的。秩序是美的最重要条件，美是从秩序中产生的。把美的内容和目的除外，只研究美的形式的标准，这就是"美的形式原理"。

服装形式美的产生，是特定环境的产物，这种特定环境包括自然、地理因素，人对改造环境的认识和理解，以及由此而形成的文化模式与审美心理结构，与人们的社会实践密切相关。

一、服装形式美的要素

点、线、面、体是一切造型艺术最基本的要素和基础，也是服装造型形式美的基础要素。服装造型设计，从某种意义上讲，就是按照形式美的规律和法则，通过对点、线、面、体的组合、分隔、积聚、排列而产生形态各异的服装。

（一）服装造型的点

在服装造型中，常把看起来感觉较小的形态视作点（如纽扣、腰带扣、搭襻扣、领结、蝴蝶结等）、首饰（耳环、项坠、胸针等）、面积较小而集中的图形、图案等。点还表现在服装造型的外轮廓转折处，例如肩斜线、胸围线、腰围线、臀围线、底摆线的两端；内部分割线的交汇处或组合中心，例如翻领的起伏处、门襟和里襟的交叠处、背带的交叉处、衣袋的转折处等以及其他强烈对比的调和处等。

服装造型设计，常常运用点的大小变化、位置变化、动向变化、连续、重叠、透叠、散聚的组合变化，构成各种类型的点饰，既可以活跃空间，增强节奏感，又可以弥补和掩饰人体某些缺陷，从而达到点缀和美化服装的目的（图 9-37）。

（二）服装造型的线

在服装造型中，凡是高度明显小于长度的形态都可以感知为线。它不仅有长度，还有粗细、宽窄、横竖、正斜、曲直、虚实、毛光等。

服装造型线，按形态特征和用途可分类为：水平线、垂直线、斜线、几何曲线、自由曲线、断续线（图9-38）。

（三）服装造型的面

在服装设计中，面是最强烈、最具有量感的造型元素，是服装的主体。服装的轮廓线、结构线、分割线对服装材料的不同分隔所形成的形态都是面。服装本来就是由许多衣片（面）缝合而成。

服装设计通过面（衣料）的分隔、组合、交叉或某一基本形面的近似渐变或重复出现，以及运用面与面的比例、对比、肌理变化和色彩配置，装饰手法的不同，使服装造型款式新颖活泼，丰富多彩，富有表现力和感染力（图9-39）。

图9-37　服装造型的点

图9-38　服装造型的线

图9-39　服装造型的面

（四）服装造型的体

体是面移动的轨迹，面的旋转形成体。服装是依附于人体的立体形象，它有正面、背面、侧面等不同的体面，由许多不同形状的面（衣料）经过分割、积聚、排列、组合构成空间，随着人体的活动呈现出变化丰富的各种立体效果（图9-40）。

二、服装形式美的法则

服装形式美的法则，主要体现在服装款型构成、色彩配置，以及材料的合理配置上，要处理好服装造型美的基本要素之间的相互关系，必须依靠形式美的基本规律和法则，主要包括八方面：

图9-40　服装造型的体

（一）反复与交替

同一个要素多次重复或交替出现，就成为一种强调对象手段。在服装上，反复与交替是设计中常用的手段，在服装的不同部位经常出现造型和颜色的反复出现，就会产生节奏与韵律。

（二）节奏

节奏又叫律动，是音乐的术语。在造型设计中，节奏是指造型要素具有规则的排列，视线随造型要素移动的过程中所感觉到要素的动感和变化就产生了旋律感。在服装上，纽扣排列、波形褶边、烫褶、缝褶、线穗、扇贝形、刺绣花边等造型技巧的反复出现都会表现出重复的旋律。重复的单元元素越多，旋律感越强（图 9-41）。

（三）渐变

渐变是指某种状态和性质按递增或递减的方式变化，渐变在服装中会产生非常优美而平稳的效果，在服装款式上，造型要素由大渐小，由小渐大，由强到弱，由弱到强都会形成渐变。如花色镶边，褶裥拼合，涡形纹样等，礼服和舞蹈服中采用装饰多层花边层层递减，形成渐变，就会产生和谐优美的旋律（图 9-42）。

图 9-41　节奏型服装　　　　　　　　　图 9-42　渐变型服装

（四）比例

整体与部分或部分与部分之间存在着某种数量关系，这种关系叫比例。面积、长度、轻重等的质与量的差会产生平衡关系，当这种关系处于平衡状态时，即会产生美的效果。主要应用如下：

（1）服装造型与人体的比例：衣长与身高的比例，衣长与肩宽，腰线分割的上下身长的比例，衣服的各种围度与人体胖瘦的比例。

（2）服饰配件与人体的比例：帽子、首饰、包袋、手套、腰带、鞋袜等的形状大小与人体高矮胖瘦的比例。

（3）服装色彩的配置比例：服装色彩配置中各色彩块的面积、位置、排列、组合、对比与调和的比例；服饰配件色彩与衣服色彩的比例（图9-43）。

（五）平衡

平衡原指物体平衡计量，如天平两边处于均等时就获得一种平衡静止的感觉，我们说天平达到一种平衡状态，在力学上，是指重力关系。平衡在服装中是指造型上的对称、非对称、均衡三种状态（图9-44）。

（六）对比

质和量相反或极不同的要素排列在一起就会形成对比，如直线和曲线，凹形与凸形，大和小。在服装上采用材质对比、款式对比、色彩对比、面积的大小对比等方式，通过相互间的对立和差别，相互增加自己的特征，在视觉形式上产生强烈刺激，起到强化设计的作用。外轮廓造型经常会采用款式对比，以此表现强烈的外观效果（图9-45）。

（七）协调

协调主要是指各构成要素之间在形态上的统一和排列组合上的秩序感。在不同造型要素中强调其共性，达到协调及调和。形与形、色与色、材料与材料之间的和谐协调，具有安静、含蓄的美感。服装造型的协调，一般通过类似形态的重复出现和装饰工艺手法的协调一致来实现（图9-46）。

图 9-43　服装色彩的配置

图 9-44　平衡型服装

图 9-45 对比型服装   图 9-46 协调型服装

（八）强调

强调类似于统一原理中的中心统一，使人的视线从一开始就在被强调的地方。强调使用在不同风格的服装中体现独特的风格，如轮廓、细节、色彩、面料，分割线或工艺的强调都能体现独特的风格。强调的重点部位：领、肩、胸、背、臀、腕、腿等部位（图 9-47）。

图 9-47 强调型服装

※教学活动设计

以下图片服饰搭配运用了哪些美学原理？

 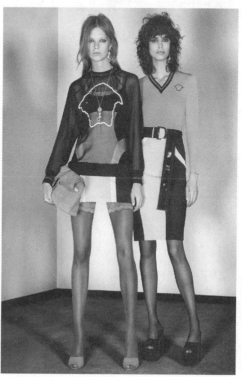

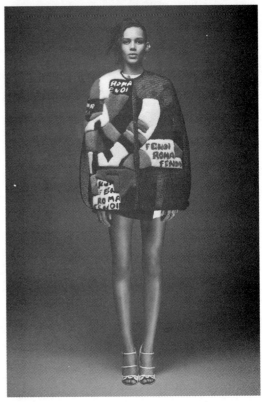

第十章 着装与美

第一节 着装与印象

衣服位于个人世界和社会世界的交界处。它是我们身体的一部分，因为我们选择和穿戴了它，但它同时也属于外部世界。因此，我们和衣服之间的关系非常丰富和复杂，它是一种无声的语言，是我们向外界表达自己的一个重要窗口。正如美国心理学博士詹妮弗·鲍姆加特纳（Jennifer Baumgartner）所说："衣着如其人：你的穿着展示你自己。"

作为人际沟通媒介的服装主要有以下五个功能：

（1）第一印象的传达功能。

（2）人际关系的传达功能。

（3）感情的表达功能。

（4）自我表现功能。

（5）印象操作功能。

第一印象指素不相识的人在第一次接触时给对方留下的印象。人们见面后5 s内就会对对方形成第一印象，就是说，在你与对方交往的短暂的5～8 s内，就会互相产生一个能够影响双方交往的印象，这就是"第一印象"的产生。如果第一印象是正面的、积极的，那么双方就会开心愉快地继续交往。反之，如果是负面、消极甚至是令人厌恶的，那么另一方就会想方设法逃开甚至拒绝进一步交往与合作，这就是所谓的"第一印象"怪圈。

只要你是社会人，只要与别人有交往，对于第一印象就逃不掉、躲不过，美好的第一印象永远不会有第二次。第一印象如此重要，而第一印象的80%来自服装。服装在无声地帮助你交流、沟通，传递你的信息，告诉人们你的社会地位、个性、职业。衣着得体、外表端庄是对他人的尊重，也是自我成熟的表现。正如莎士比亚所说："一个人的穿着打扮就是他教养、品位、地位的最真实的写照。"

人们在社会中生活，与他人交往，首先就要认识他人，从对他人外在的相貌、表情、言论、体态、服装等的认知逐渐深入到对他人的个性、需要、态度等内在品质的了解。第一印象不好，虽然通过以后的交往可以弥补，但是需要耗时、耗力。在时间就是金钱、就是效率的时代，充分准备，尽量给对方留下一个好的印象，才是省时、省力、省钱、高效的行为。有智慧的人多重视衣着影响力，知道穿着的服装不仅要有功能性和美观性，更要能提升自己的影响力和被接受程度。所以，如何通过着装把自身优势发挥出来，扬长避短，给自己的职业生涯和日常交往加分，是我们学习这一章的目的。

第二节　自我形象塑造

着装实验：

乔恩·莫利先生是美国著名的形象设计大师，他曾做过一个着装实验。着装实验的目的是要搞清楚：按照社会中上层人士的习惯着装，或按照社会中下层人士的习惯着装，人们将如何看待他们的成功率，将如何与他们相处共事。

着装实验是分下面两部分进行的：

首先，他调查了 1 632 个人，给他们看同一个人的两张照片。但他故意宣称，这不是同一个人，而是一对孪生兄弟。其中一个穿着社会中上层人士常穿的卡其色风衣，另一个穿着社会中下层人士常穿的黑色风衣。他问调查对象，他们之中谁是成功者？结果 87% 的人认为穿卡其色风衣的人是成功者，只有 13% 的人认为穿黑色风衣的人是成功者。

其次，他挑选 100 个 25 岁左右的年轻大学毕业生，他们都出身于美国中部中层家庭。他让其中的 50 个按照中上层人士的标准着装，让另外 50 个按照中下层人士的标准着装。然后把他们分别送到 100 个公司的办公室，声称是新上任的公司经理助理，进而检验秘书们对他们的合作态度。他让这些新上任的助理给秘书下达同样的指令："小姐，请把这些文件给我找出来，送到我的办公室。"说完后扭头就走，不给秘书对话的机会。结果发现，按照中下层人士标准着装的，只有 12 个人得到了文件，而按照中上层人士标准着装的，却有 42 个人得到了文件。显然，秘书们更听从那些比照中上层人士标准着装人的指令，并较好地与他们配合。

从上面的着装实验中我们可以得出这样的结论：大多数人都是本能地以外表来判断、衡量一个人的身份和地位，进而决定自己对一个人的态度。在社会上进行交往时，一个人如何着装，将影响到别人对自己的态度、可信度和配合程度。

形象是可以塑造的。每个人都可以进行自我设计，扬长避短，塑造出一个最佳的自我形象。在国外，人的整体形象设计已发展成为一门卓有成效的专门学科，其研究推进到了四个层面上，即第一层包括美容、美发、健美、整容；第二层包括服装、鞋帽、装饰等；第三层包括举止、谈吐、风度、仪表等；第四层包括公关行为、职业行为、伦理行为和政治行为等。

良好的自我形象是一个综合指标，它不是指拥有一个标准的身材、漂亮的面容；不是指穿着华丽时髦的服装，掌握高超的美容化妆技术；也不是指满身珠光玉器，或是着装五光十色。良好的整体形象是指诸种因素相互协调所创造的整体效应。也许你的身材、相貌、服装都不是一流的，但给人的印象却是极好的。良好的形象既需要化妆打扮，也需要好的服装，但又绝不依赖、迷信于化妆和服装等表面的装扮。良好的形象必须以个人的性格、智慧和才华为基本条件，注重提高自身的内在素质，培养良好的道德情操，树立健康积极的心态，去追求属于自己的美。

形象美是可以创造的，但必须是以自身条件为基础，针对自身的特点，将自己的脸型、肤色、发型、身高，以及年龄、职业、角色、季节、工作环境、出席场合等因素作为一个整体来构思，恰到好处地进行自我设计，形成和谐的整体美，塑造良好的自我形象。

自我形象的塑造，我们将从以下几个因素来分析说明：色彩类型、风格类型、身材比例、性格特征、生活习惯和方式、当前的流行时尚。借用世界权威色彩顾问咨询机构英国 CMB 中国首席色彩顾问刘纪辉的观点，色彩类型分为深、浅、冷、暖、净、柔六种。色彩类型需要专业的分析师借助色布帮你分析，也可以自己通过体验不同色彩，慢慢总结出自己的色彩类型。

风格类型一般是每个人与生俱来的特质，且基本一生不变。女士分为八种风格：古典型、自然型、优雅型、浪漫型、戏剧型、时尚型、少女型、少年型。男士分为五种风格：时尚型、浪漫型、古典型、自然型、戏剧型。

为了便于大家了解风格类型，下面给出几种风格类型粗略的特点，便于对号入座。时尚型人的衣服必须有变化、特别而前卫，摩登，标新立异，千万不要循规蹈矩，这样会掩盖自己的风采。浪漫型人的着装给人的感觉是华丽、妩媚、妖娆，有风情，更有一双含情脉脉的电眼，这双电眼是与生俱来的。古典型人严谨、端庄、知性、一板一眼的着装风格会让他们更帅。大多数女士喜爱的杨澜，知性优雅，就是典型的古典风格类型。知名演员陈道明深沉含蓄，也是古典型风格。自然型人穿衣要随意、洒脱、大气、飘逸，着装特点一定"长、大、飘逸"，无须太刻意。戏剧型风格穿衣要张扬、夸张、醒目、存在感很强，不容被忽视，通常都是焦点人物，绝对是女王气质，很有权威感。这五种类型男女共有，还有三种女士独有的，即带着纯真、可爱的少女型风格，这种风格类型往往比同龄人显得更年轻；清爽、干练、硬气的少年型风格；有着浓郁的女人味、精致、温婉的优雅型风格。简而言之，我们身边的男女无非是包含在这几类风格中。

风格是需要人们不断尝试出来的，从最初的模仿、感悟，到最后的自我创造，不去尝试是难以发现自己风格的。

第三节　服装搭配艺术

俗话说："你的形象就是你最好的名片。"一件衣服的悲剧莫过于穿错了人，衣服很冤枉，分明是穿衣人的错误，却被说成衣服很丑。人有自己的风格，衣服也有自己的风格，合拍才好。不要盲目追求时尚，因为时尚变化太快，是股捉摸不透的风，与其盲目跟风追时尚，不如掌握一两条穿衣法则才是硬道理。

一般来说，一件服装人们希望达到这样一种境界：一是协调，二是美感，三是特别。服装搭配需要考虑时间、地点、场合、角色，即人们通常所说的 TPOR 原则。根据不同的时间、地点、场合、角色把握服装搭配艺术，不仅要突出自己的风格类型，还要读懂服装，你才可以穿出自己的品位，才会产生让人过目不忘的效果。

一、服装色彩搭配艺术

要掌握服装搭配艺术，色彩是一道必经的大门。服装的色彩搭配几乎困惑着大多数人，一方面想突破常规，避开自己喜爱的黑白灰单调的颜色，又苦于没有配色的技巧，无法驾驭多彩的颜色，所以常常不敢去尝试；另一方面，色彩搭配绝不是仅凭感觉，背后有着非常科学的原理，一些看起来非常赏心悦目的服装，正是因为色彩的和谐度极高，才会让人看着舒服。通过本内容的学习，希望每个人都可以得心应手地去驾驭颜色的搭配。

色彩具有先声夺人的效应和魅力，色彩是人们辨别和认识事物的重要依据，人们赋予色彩特定的文化内涵来表达喜好感和厌恶感。同时，色彩也是一种力量，如蓝色迷人情调、银色深邃气质、白色宁静优雅、红色激情本色、黄色活力张扬。颜色心理学在人们生活中已经有很多微妙的应用，什么颜色让你容易入睡？当你走进一家快餐店，是否发现了装潢多以橘黄色、红色为主，因为这两种颜色能使人心情愉悦、兴奋、增进食欲。色彩具有不可思议的神奇魔力，它直接影响到人们对服装造型、质地的感知，它还会因不同观者、不同条件而有不同的感受，因此引发出色感（冷暖感、胀缩感、距离感、重量感、兴奋感），毫不夸张地说色彩无处不在。现代视觉艺术中，色彩的地位日益突出，尤其是表现主义、抽象主义、波普艺术等将色彩作为主要的视觉艺术语言，色彩材料和表现手段不断更新、丰富，为服装色彩的应用开辟了更为广阔的天地。既然色彩如此神奇，服装搭配又是丰富多彩、千变万化的，没有色彩理论的初学者，该如何掌握服装的色彩搭配呢？

先普及一下色彩的基本知识，色彩中的三原色：红色、黄色、蓝色。决定颜色的三要素：色相、彩度、明度。色相，用来区分各种颜色。彩度（纯度），是色彩的深浅、色彩的清浊，当加入灰色越多纯度越低，色彩本身就越模糊，色彩就变得柔和，甚至于有泛旧的感觉。如绿色纯度降低就变成灰绿。明度，是色彩的明暗。明度是配色的重要因素，明度的变化可以表现事物的立体感和远近感。

色彩没有好坏之分，颜色可以说优缺点是共存的，重在色彩的搭配运用。即便再单调、再沉闷的颜色，也会有光彩的一面，恰当的色彩融入，总让人有耳目一新的感觉。"色"在人为，就看你的色彩搭配功力。作为穿衣人，就是要把颜色好的一面发挥出来，这就是穿衣的智慧。

服装色彩搭配首先要做到色彩和谐，让人看了觉得非常舒适、愉快，使人从内心有一种秩序感，平衡的视觉效果。人们都有这种体验，当一些东西不和谐的时候，让人觉得非常混乱，甚至无法忍受。黑、白、灰是常用的三大中性色，能与任何色彩搭配，起到缓解、和谐色彩的作用，能突出表现其他颜色。灰色是冷色系的过渡色，米色是暖色系的过渡色，具有非常强的包容性，真正让你一年四季穿不厌，看不烦的服装，绝对是恒久的灰色系、米色系，在这两个柔和的过渡色基础上，你可以任意搭配，不用担忧会不和谐。

年轻的我们，肯定不想让自己局限在黑白灰的世界里。那么如何驾驭彩色服装，我们可以尝试从互补搭配法、对比搭配法、近似搭配法、同色搭配法、呼应搭配法入手，具体方法如下：

1. 互补搭配法

在色相环中，任何颜色所直接对立的颜色就是互补色。红和绿、黄和紫、蓝和橙、黑和白等，有很强的视觉冲击力，显得活泼开朗，个性张扬。红和绿虽是互补色，但要注意颜色的饱和度和色相，如果选不好颜色，搭配肯定会出错。互补搭配就像人们对待辛辣的味道，来一点就可以让你食欲大开。

这里重点强调一下绿色，一个很容易被大家忽略的颜色，绿色本身是一个冷暖色调不明显的中性色，好搭配又出彩。只要选择明度、艳度都在中间位置的绿色，也即不深不浅、不艳不暗，无论什么肤色的人，都可以通过绿色找到属于自己的感觉。绿色可以搭配蓝色，因为绿色本身就包含蓝色（绿＝蓝＋黄），绿色和蓝色的搭配永不落幕。

2. 对比（三角）搭配法

对比色有黄和蓝、黄和红、红和蓝等。对比色有鲜明的强弱对比，对比搭配法即利用明度或艳度的反差进行搭配。其中可以运用小面积的中性色彩来锐化整体。激烈的大面积撞色对个人气质要求相当高，发型、妆容绝对要搭配好，否则会适得其反。

3. 近似色搭配法

近似色搭配法即选择相邻或相近的配色进行搭配，红和橙、红和紫、黄和绿、绿和蓝等，给人素雅的淑女味道。

近似色搭配简单易学，可以运用面料质感的不同，增加近似色搭配的层次感。比如浅紫、浅灰色西装外套可以配上同色的蕾丝质感的衬衣，很受喜欢。蓝色可以按照季节的变化，选择不同程度的深浅，如春夏可以选明媚的蓝，秋冬可以选深沉的蓝，再搭配以红色、黄色、绿色点缀，更是锦上添花。

4. 同色（渐变色）搭配法

这是一种最基本的搭配方法，也是初学者最安全、最不易出错的选择。同色系的不同深浅、明暗的颜色相搭配，显得柔和、文雅、内敛而又有韵律。比如米黄色配咖啡色、浅蓝色搭配深蓝色等。

同色搭配给人一种统一、和谐的审美效果，可以取得端庄、沉静、稳重的效果，适合在工作或正规的社交场合配色。

5．呼应搭配法

把身上的某一色彩分散到全身各处，形成全身的协调和统一。也可以把配色的重点缩小为一点，营造万花丛中一点红的效果。很多人不敢买色彩缤纷的衣服，因为不知道该如何去搭配，其实只要从其中任选一种颜色作为搭配就可以。

作为初学者，如果你还是不敢大面积用鲜艳的颜色，可以先选取小面积找感觉：一个别致的包、一件小的背心、一枚精美的胸针、一副耳环、一双皮鞋、一副手套都可以去做点缀。

离开色彩世界会变得苍白无力，而服装色彩搭配就是一幅幅富有灵气的移动水彩画，如何让这幅画更加生动，让人过目不忘，需要我们多下功夫。一旦你掌握了服装的色彩搭配艺术，那种感觉真是妙不可言。感谢色彩，令人们的服装如此多娇。

二、服装与脸型的搭配艺术

脸型对服装的影响也是不容忽视的，尤其是领型的设计，更要考虑脸型的特征。这里把人的脸型简单分为四种类型：长脸、方脸、圆脸、椭圆脸。在整体形象设计中，人们可以利用发型的多变修饰脸型，弥补脸型的缺陷。这里主要介绍脸型和服装的搭配。

1．长脸

长脸即眉骨、颧骨及下颚骨的宽度基本一致，脸的长度明显大于宽度，长脸不宜穿与脸型相同的领口衣服，更不宜用 V 形领口和开得较低的领子。长脸适合穿圆领口的衣服，也可穿高领口、马球衫或带有帽子的上衣（图 10-1）。

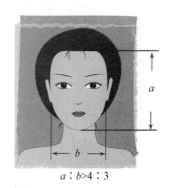

$a : b > 4 : 3$

图 10-1　长脸

2．方脸

方脸前额较宽，两腮比较突出，给人以方正、刻板的感觉。方脸不宜穿方形领口的衣服，应在脸部周围制造弧形线条，弱化方形下颚的硬朗感，圆润线条能够减弱方形脸的棱角效果，避免菱形、三角形等有棱角的领型设计，否则脸部看起来更凌厉（图 10-2）。

3．圆脸

圆脸给人以温柔、可爱的印象，整个脸部的曲线是圆形，圆脸不宜穿圆领口的衣服，也不宜穿高领口的马球衫或带有帽子的衣服，最好穿 V 形领或者翻领衣服，也可以利用 V 形层叠项链修饰脸型，自然下垂的 V 形使圆脸在视觉上看起来瘦一些（图 10-3）。

4．椭圆脸

椭圆脸被认为是标准脸型，领型的设计基本没特殊要求。

如果觉得自己的五官没有气场，易被忽略，那么搭配服装时，可以在靠近脸部的地方多加装饰，目的是增加看点和力度（图 10-4）。

图 10-2　方脸

图 10-3　圆脸　　　　　　　　　　　图 10-4　椭圆脸

　　另外，粗颈不宜穿关门领式或窄小的领型衣服，适合用宽敞的开门式领型；短颈不宜穿高领衣服，高而窄的小圆领也不适合，会有一种卡脖子的压抑感，适宜穿敞领、翻领或者低领口的衣服；长颈不宜穿低领的衣服，尤其脖子细长，体型又特别瘦、脸型长的，适宜穿高领的衣服。

　　如果学起来感觉困难，先从模仿开始，就像学习书法、绘画，要临摹很多优秀作品才慢慢会有感觉。模仿明星、身边的时尚达人，慢慢积累经验，长此以往便会得心应手。

三、服装与体型的搭配艺术

　　相信每个人对自己的身材总有些或多或少的遗憾。当面对自己不够完美的身材时，不必总想着把自己藏起来，逃避、遮盖自己的缺点，而是可以利用服装的不同色彩、不同板型、不同风格塑造出整体比例上的协调，从而扬长避短弱化自己的缺点。

　　人的体型特征大致分为以下五种：X 型、H 型、A 型、O 型、Y 型（图 10-5），服装搭配时，服装板型应当与每个人的体型相匹配，这样才和谐，从而达到扬长避短的效果。

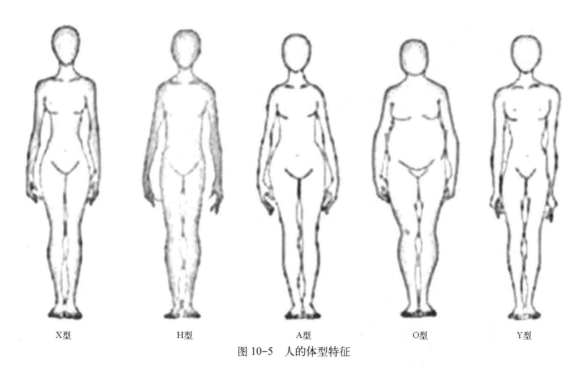

X型   H型   A型   O型   Y型

图 10-5　人的体型特征

1．X 型

X 型是肩宽、胯宽、腰部收拢，这是很标准的体型，基本没什么限制，可以根据自己的喜好，任意搭配。服装可以给予女人多种曲线，最美的体型依然是 X 型，X 型可以衬托出女性苗条、修长的身段、女人味十足。X 型服装有很多，比如收腰的连衣裙、收腰的大衣等。

2．H 型

H 型是直线条，从肩到腰到胯，几乎都是直线。H 型的服装，线条简洁流畅，在视觉上显高显瘦。H 型的大衣外套必须在领口和肩部有良好的设计和剪裁，它不像 O 型那样比较随意，因为它是直线条的，如果肩袖接缝处理不好，会很容易显宽显壮。把 H 型连衣裙系上腰带，是变成显高的 X型的最好方法。身材矮小的穿 H 型连衣裙时，可以佩戴抢眼的项链、醒目的胸针，让视觉重心集中在腰部以上，有显高的作用。

3．A 型

A 型属于上半身瘦、下半身胖，肩宽＜腰宽＜胯宽，可以从掩饰缺点和突出优点两条思路来搭配服装。从掩饰缺点出发，由于下半身较胖，因此适合上浅下深、上繁下简的服装，即上装颜色浅，下装颜色深；上装可以复杂、烦琐，下装简单才好。与其遮遮掩掩，不如坦然接受事实，想方设法"不让下半身显得胖"，腿部是两条纵向线条，为了达到修长效果，应让腿部能简洁就简洁，让视觉顺畅到底，摒弃花纹、图案，脚踝拒绝堆起褶皱，可以借助高跟鞋拉长腿部的线条。还可以选择上装长，下装短的搭配，让上身的服装能遮盖臀部，以人体的黄金比例为准，上衣下摆大约位于全身黄金比例处，遮掩臀部过大的缺点，但也要注意臀部后翘而且胯部宽大者，上长下短的搭配会有水桶的感觉。另一思路就是突出上半身瘦的优点，如穿无袖的连衣裙，露出纤细的肩、臂，或配上打造视觉重心的项链，吸引上半身的注意力，达到转移视线的效果。

如果上半身过于瘦，胸部扁平，不宜选择偏薄易下垂的面料，可以选择较挺阔的面料，或表面有覆盖的多毛的面料。同样，也可以使用视觉转移法，把全身设计亮点转移到其他地方，比如借助围巾，遮盖胸部线条进行掩饰。男士如果上半身瘦，挑选服装时，可以选择带垫肩的，正确的垫肩能够修正男士的肩部线条，从而塑造出上宽下窄倒梯形的男子汉身材。而女性要塑造出前凸后翘、腰细胯宽的迷人身材。

女士如果下半身较胖，还可以利用披肩、围巾、小饰品来修饰上半身，下半身的设计尽量简单。裙装、连衣裙比裤子更能有效遮盖体形缺陷。如果只是腿部较粗，利用 A 裙来遮住粗壮的大腿，达到均匀身形的效果。深色系打底裤搭配上裙装，也可以让肥胖的大腿看起来瘦一点。另外，用腰带修饰腰身，搭配上裙装，都能达到预想效果。色彩运用上，上身采用明亮鲜艳的颜色，下身选择深色系。过胖、超瘦体形，建议放弃撞色，因为过强的视觉冲击力，反而更容易暴露你的身材缺点。

4 . O 型

O 型服装搭配遵循"上宽下紧"的搭配法则，即上装宽松，下装紧身，目的是让体积感强的上半身来衬托腿部，使其显得修长，遮盖身材不足。这几年流行的"茧形大衣"，就是典型的 O 型单品。女士务必注意，当上装比较宽松，看不见身材曲线，又没有腰线时，腿部一定要保持利落、流畅和修长，要么是光腿、要么穿连裤袜或包腿紧身裤，才能平衡视觉感。

5 . Y 型

Y 型，上身宽，下身细，搭配服装时就不要突出上半身，常用的搭配技巧就是上装深，下装浅。通过穿上窄下宽款式的服装，调整自己不完美的身材比例，这就是搭配法则中的扬长避短。Y 型也可以搭配深色系的纯色马甲，视觉上也能起到瘦身效果。

以上，我们从色彩、脸型、体型、风格类型入手，介绍了服装的搭配艺术。希望大家结合自身的特点，多方法、多角度，自由组合发挥，多尝试、多体验，学会融会贯通，辩证应用，最终塑造出富有个性魅力的自我形象（图 10-6）。

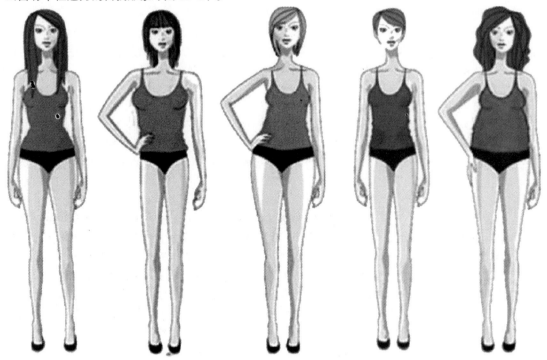

图 10-6　你属于哪种体型

第四节　生活着装审美

现代生活日新月异，人们的生活空间、生活场景要比以往大大拓展了。随着生活空间的日益丰富，人们希望自己的生活着装也要个性化、差别化，甚至每个人希望自己在生活中的角色是多变的，可以端庄、可以活泼、可以保守、可以时髦、可以浪漫，一种装扮表达一种心情，所以，生活着装同样需要一点匠心独具的服装搭配艺术。

生活着装审美，可以从休闲和社交两个场合来分别加以分析，共同打造高质量的生活。

一、休闲场合的着装

随着生活节奏的加快，休闲成为消除疲劳、紧张的最好办法。休闲场合分很多种，休闲服装相应地也分许多种。休闲服装较多地体现了回归大自然的生活理念，从面料、款式上体现了服装与人体之间更亲密、更坦诚、更自由、更从容的特征，是新时尚、新观念的服饰语言，不必过多讲究搭配形式。

休闲服宜选择纯棉、天然纤维的面料，颜色以自然、柔和为主，搭配休闲鞋。家居服强调功能，款式宽松，适合大幅度的劳动、休息动作。旅游服装最适宜运动式便装，利于跋山涉水，最好在款式上要便于穿脱，以适应体温的变化。旅游要穿色彩鲜艳的衣服，这才符合此情此景的放松心情。无论什么季节，旅游都可以穿旅游鞋，轻便结实，行走自如。如果去海滨度假，记得准备绚烂的沙滩装。在沙滩上，服装怎么浓烈也不为过，带给你的只有心花怒放，越是鲜艳独特，越是别具异域风情。旅游时，别忘记淘一淘小街道的小店铺，多去充满创意的小城市，一方面增长见识，感受不同的着装文化，丰富视野，有积累才能有灵感来源；另一方面，收集一些服装搭配的小物件、小饰品，为自己的服装搭配准备更多的方案。

逛街购物是女士休闲的一部分，穿上自己得意的服装，行走在人流如潮的大街上，自信满满，心旷神怡，此时商场就成为展现个人服装品位、风格、气质的最佳场所。逛街购物的服装最好简单、大方、得体，不一定要赶时髦。流行趋势变化多端，一会儿是华丽的原色，一会儿是淡雅的暗色系，让人眼花缭乱，无从下手，时尚的风向标也逐渐模糊。不要被流行牵着跑，要有自己的个性，兼顾大家的审美，在简单而普通的服装上加上自己的创意，融进自己的风格，才是真正的技高一筹。

二、社交场合的着装

社交场合是工作之余和同事、朋友、商务伙伴交往应酬的公众场合，可以穿得时尚个性些，如礼服、时装，礼仪场合所穿的服装统称为礼服，是公共关系中礼尚往来穿着的服装。

参加婚礼，多穿喜庆、愉悦、颜色亮丽的服装，一方面表示对新人的祝福；另一方面也能体现自己的气质、修养、品位。最好不要穿黑色出席婚礼，一般要以西装、套裙、连衣裙等传统款式为主，以表达重视之意。葬礼是一个充满严肃的场合，衣着务必素雅、保守，黑色、灰色、深蓝色、深咖啡色、白色都可以。国际上通用的丧礼服是黑色。因为黑色寓意着沉静、理智、抑郁，适合庄严肃穆的葬礼场合。最好不要穿戴饰品，女士的唇膏不可太鲜艳。参加一些联谊会、音乐会等，服装可以引人注目，也可以在不露声色中散发动人的魅力。

晚装的特色、款式和变化较多，需根据不同场合和需求而定。闪亮的服饰是晚礼服永恒的风采，多以高贵优雅、雍容华贵为基本着装原则，但全身除首饰之外的亮点不宜超过两个，否则就会喧宾夺主。西式晚装开放，强调美艳、感性、光彩夺目。中式传统晚装以中式旗袍为主，注重表现女士端庄、文雅、含蓄之美。但不管何种款式，面料、饰品都要讲究品质，好品质烘托了女士的社会形象。晚礼服一般用于庆典、正式会议、晚会、宴会等礼仪活动中。

　　总之，生活着装从经济实用角度出发，多买一些可以巧妙搭配的基本单品，尝试百变造型。时装界每一季都在应接不暇地推出新款造型、主打色、潮流单品。但是，不管流行如何变化，总有不变的基本款、基本色，学会层次搭配、混搭搭配。一些单品如果本身就带有细节感，如精致的图案、特别的设计、面料独特的纹理等，身上其他的单品就要简洁、不要喧宾夺主。同一件外套换上不同的打底衫，新造型就出来了，每个人只要用心，都可以让一成不变的造型来个华丽大转身。各种图案的服装，比如条纹、千鸟格、波点、碎花，最百搭、最有可塑性的是条纹，所以条纹可以首选来做内搭。条纹一般由两种或以上颜色相间组成，打破了单色的沉闷，给人的感觉更丰富、更有趣味感，还有减龄效果，何乐而不为。

第五节　职业着装审美

　　虽说人不可貌相，海水不可斗量，但不知从何时开始，穿衣、配饰、发型、妆容，这些也关乎人的职场前途了，职场人士深有同感。每天穿什么？怎么穿？都是一件颇费脑筋的事，如何穿出自己的职业形象，让你在职场中如虎添翼？对于大学生来说，面试是大学生能否过五关斩六将顺利进入职场的第一关，如何塑造一个好的职业形象让面试官对你"一见钟情"？

　　如果说生活着装追求的是闲适随意、时尚个性的感觉，那么职业着装所要体现的应是职业感、专业性及发自内心的对他人的尊重。在职场中穿出自信，穿出亲切和美丽，是需要花费一些心思的。

　　人们需要了解以下两条职业着装的原则：

　　第一，职业着装不是为了好看，而是为了增加信任度和职业感。选择职业着装，可以加入个人对颜色、款式的偏好，体现自己的审美品位，但是不可以本末倒置，过于张扬。

　　第二，职业着装的本质要求是要体现职业尊重，即重视以职业身份所出席的正式场合和在场的其他人士。

一、男士西服的着装规范

　　法国服装设计师香奈儿曾经说过："当你穿得邋邋遢遢时，人们注意的是你的衣服；当你穿得无懈可击时，人们注意的是你。"没有谁会愿意和一个衣着邋遢的男人打交道，也没有人有义务必须透过连你自己都毫不在意的邋遢外表，去发现你优秀的内在，男士着装同样要注意搭配。

　　（1）整体效果。首先一定要合身，西装要熨烫平整、干净挺括。整体色彩控制在三种颜色以内，在正式场合，鞋、包、腰带应为同一颜色，并以黑色为佳。胸袋、两侧口袋为装饰，不装或少装，二粒扣系上扣，三粒扣系上面两粒或中扣，单排扣可敞开，双排扣站立时要系紧，坐姿时可敞开，钱包、手机等用品可装在西装左、右内侧衣袋里，以保持西服的美观。

　　（2）衣袖和裤脚。穿西装前要拆除衣袖上的商标，以免被他人取笑。西装的袖口和裤脚不应挽卷，以免给人以粗俗之感。裤子长短合适，最好熨出裤边。

　　（3）衬衫。穿西装时，衬衫的搭配也很有学问，衬衣颜色的深浅，应与西装颜色成对比，不宜选择同类色，否则搭配分不出衬衣与西装的层次感。正装的衬衫必须为纯色，以浅色为主，白色最常用。衬衫最讲究的是领口，领型多为方领，领头要硬挺、清洁。衬衫衣领要高出西装衣领，衬衫衣袖要比西装的袖子长出 1 cm 左右，以显示衣着的层次。不论在何种场合，衬衫的下摆务必塞进裤内，袖扣必须扣上。内衣应单薄，以保持西装的线条美。如遇天冷时，可在衬衫外面再套一件西装背心或鸡心领羊毛衫，但不能显臃肿之态。衬衫要保持整洁无皱褶，尤其是衣领和袖口。

（4）领带。领带是西装的灵魂，正式场合，穿西装不系领带会显得苍白无力。领带有普通结（小结）、温莎结（大结）和小温莎结（中结）三种不同的系法。领带结的大小随衬衣领的宽窄而变，衬衣领角越大，领带结越大；衬衣领角越尖，领带结越小。领带的宽度随西装领的宽度而变，西装领越宽，领带越宽。领带的长度以到皮带扣处为佳，切忌垂到裤腰以下。

领带的颜色应与衬衣和西装搭配协调，一般选择衬衣和西装的中间过渡色。图案以单色无图案的领带为主，有时也可选择条纹、圆点、细格等规则形状为主的图案。领带夹一般在第四、五粒扣之间。如衬衫外面穿背心或羊毛衫，则须将领带置于背心或羊毛衫内。

非正式场合可以不打领带，但应把衬衫领扣解开，以示休闲洒脱。男士连续几天穿白色衬衫时，领带的更换变得尤其重要，至少要有 6 条不同的领带，每天换上一条，每条领带要尽可能地搭配所有的衬衫。

（5）纽扣。西装有单排扣和双排扣之分，穿单排三粒扣西服，一般扣中间一粒或上两粒。单排两粒扣，只扣第一粒，或全部不扣。若在正式场合，则要求把第一颗扣扣上，在坐下时方可解开。如系双排扣西装，应将扣一一扣上。

（6）西裤。西裤作为西装整体的一个主要部分，色泽、质地应与上装相协调。西裤长度以触到脚背为宜。西裤穿着时，裤扣要扣好，拉链要拉到位，两侧袋为装饰袋，后袋为实用袋。

（7）鞋袜。按照西装的着装要求，穿西装应配黑色系带皮鞋，并保持鞋面清洁锃亮。旅游鞋或长筒鞋等不宜在正式场合穿用，一脚蹬的鞋子是不适合隆重场合的。与皮鞋配套的袜子应为深色的纯棉、线、丝或羊毛织品，忌穿白色袜子。而且袜筒要足够高，弹力要好，以免坐下后，露出一截腿，极为不雅。

二、女士套裙的着装规范

女士面试服装多以西装、套裙为佳，这是最通用、最稳妥的着装。一套剪裁得体的套裙，搭配配色的衬衣，精美的饰品，适合多数面试场合。

女士职业着装仍以整洁、美观、大方为总原则，色彩、款式与自身的年龄、气质、体态、发型、职业相协调。整体色彩最好也控制在三种颜色以内，搭配好鞋、袜、包。禁忌：忌透、忌露、忌短、忌破、忌紧、忌皱、忌脏。

一双漂亮的丝袜可以衬托出女性腿部的曲线美，一般选择肉色丝袜，黑色丝袜在商务场合是要慎穿的，有明显破损、脱丝的丝袜是相当不雅的，丝袜的袜口一般不低于裙装的下缘。

包是职业女性在商务、社交、休闲各种场合中都不可缺少的，既有装饰价值，又有实用价值。肩挂式皮包轻盈、便捷，为更多的女性喜爱。平拿式皮包豪华、时尚，体现出女性的职业、身份、社会地位及审美情趣。注意包的款式、颜色要与服装相配。职业女性的发型要文雅、庄重、大方。

上面重点讲的是商务着装，面试不同行业，着装上还有差别。应聘服务型行业，服装可以活泼、随和、轻松些。如果是广告、传媒、艺术类，有创意的行业，太过于稳重的服装可能难以留下印象，此时富于特色的设计、剪裁、精致的饰品，都会为你的生动形象加分添彩。如果是技术类行业的面试服装，最好展现的还是严谨、干练、专业。如果是咨询、销售、营销类的工作，讲究的是亲和力，给人可以信赖的印象，不宜太过庄重，产生距离感，适当地体现热情和亲切感。妆容上要明亮、自然，给人容易交往的感觉，不要有高高在上、拒人千里之外的印象。

三、饰品佩戴规范

饰品增添了全身搭配的细节感，简洁、实用，能让你瞬间提升时尚品位。饰品不仅仅是为了装饰，其实还是一个视觉落脚点、一个视觉重心。能最快改变日复一日、平淡无奇造型的，就是饰品。通过精心设计采用混搭、叠穿、添加饰品，可以让你看起来更得体、更精致。

选戴饰品，不仅要兼顾个人爱好，更应当服从自己的身份、性别、年龄、职业、工作环境。高档饰品，特别是珠宝首饰，适用于隆重的社交场合，如果是工作、休闲时佩戴，显得过于张扬。饰品造型与服装款式、饰品材料与服装面料、饰品色泽与服装色调这三者要完美结合。饰品佩戴需要注意的规范大体有如下四点：

（1）以少为佳。不论在工作中，还是在生活中，身上饰品越少越好。一般来讲，女士的饰品最好少于三件，多于三件有弄巧成拙之感。

表，不仅是装饰品，更多时候是身份、品位、守时的象征。戴表会在无形中赢得商务伙伴的信任，大多数男士钟情于表，这种钟情不亚于女士对钻石的迷恋，表就是男人的珠宝。看似不起眼的胸针，佩戴位置也有讲究，采用宁高勿低的原则，最佳位置是左侧锁骨斜下方 3～4 cm 处，不要戴在胸部位置。职场中，身份地位越高，衣着的装饰感可以越强。当你身居要职，更需要胸针为你增加气场，尤其对那些本身形象力度不够，又苦于无从下手，完全可以借助一枚小小的胸针为自己加一把力，起到事半功倍的效果。

（2）同质同色。色彩和款式要协调。比如参加酒会时，黑色旗袍戴了白金的胸针，这是很醒目的。如果要戴眼镜，银色金属边的眼镜更适合，质地、色彩更协调。

（3）符合习俗。入国问境，入乡随俗。如果你去欧美国家，特别是信天主教的国家，别戴十字架的挂件。

戒指是不能随便戴的，有约定俗成的含义，它是无声语言，时刻把一些必要的信息传递给他人。戒指一般戴在左手上，因为右手干活，容易碰撞、丢失、磨损。大拇指很少戴戒指，通常也没什么意义。食指是无偶而寻求恋爱对象，寻求爱情的意思，或表示求婚；中指是恋爱中；无名指是已经订婚或结婚；小指是独身者或表示终身不娶或不嫁。

（4）注意搭配。被我们比作硬件的服装决定了你是否显高显瘦。而被比作软件的鞋、包、配饰的风格，会影响整套搭配演绎的风格。与其不停地买新款的衣服，不如多买些能够体现你风格、品位、个性的配饰，不一定要买很贵的，但一定要精美别致，这样才能与众不同。

在服装搭配中，围巾是冬季的项链，一条围巾看似不起眼，却可以给人带来强烈的搭配感。当你不知道搭配什么颜色的围巾时，可以选灰色，因为灰色是很安全的中性基础色。腰带，在上衣颜色和裤子颜色中起到过渡作用，细腰带显腰细、粗腰带显腰粗，务必挑腰部最细的地方系腰带。腰带不仅是为了凸显你的腰身，更是为了分割上下身比例。体形胖的、个矮的，最好都选择细腰带。香水的选择要浓淡相宜、场合得体，香水给自己、给别人带来的味道应该是适度和幽雅的，香水宜抹在手腕、肘部、膝盖内侧等经常动的部位。

服装永远是主体，饰品只是锦上添花，饰品不能夺去服装的位置，喧宾夺主，饰品再酷也是配角，要时刻牢记这点。如果一件饰品的视觉冲击力大大超过衣服，应该算是败笔。就像炒菜，我们吃的是菜，而不是那些让菜的味道变得好吃的佐料。慢慢学会饰品搭配，让简单的款式带给人焕然一新的感觉。

一个人气质的修炼需要漫长的过程，穿衣打扮之道也是如此，需要长期的自我摸索，逐步找到属于自己的风格，找到适合自己的服装。学习着装与美这一章后，希望大家能够产生行为的改变，在自己的穿衣风格中自如地应对不同场合。

※教学活动设计

形象设计改造案例分享

分小组，每组选择一个学生进行个人形象设计，展示改造前后的形象。

参 考 文 献

［1］赵洪珊. 现代服装产业运营［M］. 北京：中国纺织出版社，2007.

［2］宁俊，陈桂玲等. 服装产业链理论与实践［M］. 北京：中国纺织出版社，2007.

［3］卢安，郝淑丽. 服装产业组织学［M］. 北京：人民出版社，2013.

［4］朱光潜. 谈美［M］. 合肥：安徽教育出版社，1997.

［5］宗白华. 美学散步［M］. 上海：上海人民出版社，1981.

［6］朱志荣. 中国美学简史［M］. 北京：北京大学出版社，2007.

［7］王朝闻. 美学概论［M］. 北京：人民出版社，1981.

［8］吴卫刚. 服装美学［M］. 北京：中国纺织出版社，2008.

［9］杭间. 服饰英华［M］. 济南：山东科学技术出版社，1992.

［10］张安凤. 服饰配色［M］. 济南：山东科学技术出版社，2012.

［11］王大海. 走进非物质文化遗产——中国鲁锦艺术［J］. 山东艺术学院学报，2008（4）：90-92.

［12］侍锦，彭卫丽. 服饰英华［M］. 济南：山东美术出版社，2008.

［13］伊伊. ZARA、H＆M、优衣库、GAP的区别［J］. 上海商业，2016（10）：20-22.

［14］品牌传播识别模型与创新研究——以服装零售品牌优衣库为例［J］. 新闻研究导刊，2016（4）：282-283.

［15］石荣玺. 品牌服装企业核心竞争力理论及评价体系研究［D］. 青岛：青岛大学，2006.

［16］张淑翠. 如意集团：创新纺织业发展模式［J］. 中国工业评论，2015（12）：82-87.

［17］居新宇，牛方. 如意集团的坚持和突破［J］. 中国纺织，2017（4）：92-93.

［18］康迪. 优衣库："反传统"的全球广告［J］. 宁波经济：财经视点，2017（3）：56-57.